カントールの
アキレス腱

無理数は可付番の無限集合

京都産業大学名誉教授

井上 猛

Takeshi Inoue

文芸社

まえがき

背理法と云うものも正しく運用すれば有用な証明法である。意味を持つのは総ての対象を完全に列挙する事が可能な場合である。

判り易い例でこれを示す。二つの数a及びbに対して$a \leqq b$を証明したいとした時$a > b$を仮定してそれが否定されたなら証すべき$a \leqq b$を主張する事が可能となる訳である。

Cantorの対角線論法に於ては、区間$(0,1)$内の実数が「可算無限である」と仮定してそれが否定されたので「可算無限では無い事が証明された」とする。残る総てを調べ尽さない間は結論を下してはならないのにである。残る総てを調べ尽すと云うのは実行不可能な事ではあるが。

与えられた無理数を極限値とする有理数列が存在し得るのは明らかである。その限りでは無理数と有理数のどちらが多いか少ないかは言えない事になる。

正準連分数に展開した無理数に番号を付けて縦一列に並べたものを考える。対角線上の数に着目してこれらの無理数に一致しない数を創る。その様にして創られた数はその悉く(ことごとく)が有理数となって、無理数は決して現われる事は無い。これ即ち縦一列の無理数が可付番無限なる事を表わして居る。

自然数の平方根を正準連分数で表わすと端麗な姿が現われる。例を示すなら$24+\sqrt{617}=(48;1,5,4,2,1,6,\mathbf{2},\mathbf{2},6,1,2,4,5,1;24+\sqrt{617})$の如くである。

綺麗な対称美の存在が見て取れる！ これはこの例に限られるものでは無い。

$24+\sqrt{617}$の計算は$24+\sqrt{617}=\left(48;\dfrac{24+\sqrt{617}}{41}\right)=\left(48;1,\dfrac{17+\sqrt{617}}{8}\right)=$

$=\left(48;1,5,\dfrac{23+\sqrt{617}}{11}\right)=\left(48;1,5,4,\dfrac{21+\sqrt{617}}{16}\right)$の様に進める。

分子の数字の並び$(24,17,23,21,11,20,22,\mathbf{16},22,20,11,21,23,17,24)$に綺麗な対称性の存在するのが見て取れる。同じ事は分母の数字に対しても言えるのが$(41,8,11,16,31,7,\mathbf{19},\mathbf{19},7,31,16,11,8,41)$から明らかである。この事に着目をしてその理由を調べたと云うのを寡聞にして知らないで居る。我々はこの綺麗な対称美の存在する事の理由を明らかにする事が出来た。

文字表記に関して	通常のものを（　）内に示す

表わす(表す)　現わす(現す)　居る(いる)　於て(於いて)

変る(変わる)　函数(関数)　単調増大(単調増加)

カントールのアキレス腱　目次

連分数について

これは**恒等関係**を維持しつつ**数**(すう)を書き換えて行くだけのものである。然(しか)し**数**(すう)**の性質**を論ずる上で極めて**有力**な手段なのである。この事が判って居ないが為に現代数学は大きな過ちに気付かない儘に来て居るのである。

☆ 有理数の正則連分数表示（正則連分数は単純連分数とも）

有理数 $\frac{43}{9}$ を次の様に書き換えて行く。

$$\frac{43}{9}=\frac{4\times9+7}{9}=4+\frac{7}{9}=4+\frac{1}{\frac{9}{7}}=4+\frac{1}{\frac{7\times1+2}{7}}=4+\frac{1}{1+\frac{2}{7}}=$$

$$=4+\frac{1}{1+\frac{1}{\frac{7}{2}}}=4+\frac{1}{1+\frac{1}{\frac{3\times2+1}{2}}}=4+\frac{1}{1+\frac{1}{3+\frac{1}{2}}}$$

この様に**分子**を総て1にして行く。従って**分母**の数(すう)のみを記せば充分となる。そこで上の結果を次の様に表記する。

$$\frac{43}{9}=(4;1,3,2)$$

負(ふ)の有理数 $-\frac{43}{9}$ の場合は $\frac{-43}{9}$ としてから $\frac{(-5)\times9+2}{9}=-5+\frac{2}{9}$ の様に1よりも小さい部分を正(せい)の量にする。その後は上に述べた書き換えを行なう。

$$-\frac{43}{9}=(-5;4,1)$$

只今の場合“；”に続く4を第一項目の数(すう)と呼ぶ。従ってその次の1は第二項目の数と云う事になる。**項の数**(かず)は2である。$\frac{43}{9}$ の場合は**項の数**(かず)は3である。

有理数の場合には顕著な性質が存在する。

甲）各**項の数**(すう)は総てが**自然数**でありそれらの総てが**一意に**定まる。

乙）**項の数**(かず)が**一意に**定まる。

丙）末**項の数**(すう)を2よりも大きな数とする事が出来る。

一つの数が**正則連分数**の形で与えられたなら上の手順を逆に辿(たど)れば**有理数**の形を導く事が出来る。

例として (2;7,3,11,4) を取り扱ってみる。

$$(2;7,3,11,4)=\left(2;7,3,11+\frac{1}{4}\right)=\left(2;7,3,\frac{45}{4}\right)=\left(2;7,3+\frac{4}{45}\right)=$$

$$=\left(2;7,\frac{139}{45}\right)=\left(2;7+\frac{45}{139}\right)=\left(2;\frac{1018}{139}\right)=2+\frac{139}{1018}=\frac{2175}{1018}$$

☆ 無理数の正準連分数表示

無理数 ω（オメガ）が与えられた時これを**整数** k_0 と1よりも小の正（せい）の**無理数** η_1（エータ）との和で表わす事を考える。詰まり $\omega \equiv k_0 + \eta_1, (0 < \eta_1 < 1)$ とする訳である。先に導入した表記の仕方を適用すれば $\omega = \left(k_0; \dfrac{1}{\eta_1}\right)$ とする事も可能となる。

ここで ξ_1（クシー）$\equiv \dfrac{1}{\eta_1}$ と置けば ξ_1 は $1 < \xi_1$ であるから**自然数** k_1 と1よりも小の**無理数** η_2 とで $\xi_1 = k_1 + \eta_2 = (k_1, \dfrac{1}{\eta_2})$ と表わす事も出来る。これを使って $\omega = (k_0; \xi_1) = \left(k_0; k_1, \dfrac{1}{\eta_2}\right)$ と表記する事も可能となる。

更に続けて $\xi_2 = \dfrac{1}{\eta_2} = (k_2, \dfrac{1}{\eta_3}) \equiv (k_2; \xi_3)$ を経れば次の把捉も可能となる。

$$\omega = (k_0; k_1, k_2, \cdots, k_{n-1}; \xi_n), (1 < \xi_n)$$

k_0 は**整数**であり $k_1, k_2, \cdots, k_{n-1}$ は**自然数**で ξ_n は1よりも大の**無理数**である。

無理数の場合の特徴を挙げて置く。

イ）**項の数**（かず）は完全に**任意**で限りは無い。

ロ）k_1 から k_{n-1} までの数（すう）は**自然数**でそれらの総ては**一意**に定まる。

ハ）末**項の数**（すう）は1よりも大なる**無理数**となる。

我々は**無理数**を**正準連分数**に展開する事の意義を次に見い出して居る。

１）有限の**項の数**（かず）で無理数を表現し把捉する事が出来る。

２）無理数の**近似有理分数**を見付け出す事が出来る。

一例として $\sqrt{2}$ を取り上げてみる。

$$\sqrt{2} = 1 + (\sqrt{2} - 1) = 1 + \frac{1}{\sqrt{2}+1} = (1; \sqrt{2}+1) = (1; 2 + (\sqrt{2}-1)) =$$
$$= (1; 2; \sqrt{2}+1) = (1; 2, 2, \cdots, 2; \sqrt{2}+1)$$

ここで“…”の部分には**不特定の個数**の2が入って居る。

項の数（かず）が18の**正準連分数**に展開したものを $\sqrt{2} \equiv \omega(18)$ と表記する。

$$\omega(18) = (1; \overbrace{2, \cdots, 2}^{17}; \sqrt{2}+1)$$

これの**近似有理分数**を $r(18)$ と表記すると次の様になる。

$$r(18) = (1; \overbrace{2, \cdots, 2}^{17}; 2) = 1 + \frac{2744210}{6625109} =$$
$$= 1 + 0.41421\ 35623\ 730 + \frac{5763430}{6625109} \times 10^{-13}$$

後に触れる**補助数列** $(\boldsymbol{B})$ に依って手際良く計算する事が可能となる。

無理数も可付番無限か？

☆ 有理数と自然数の間の一対一対応を可能にする二次元表[1)]

自然数p及びqを用いて作った**分数**$\frac{q}{p}$を1よりも小さな**有理数**$r_{(p,q)}$とする。その為にpは$(p=2,3,\cdots,p)$としqは$(q=1,2,3,\cdots,p-1)$であるとする。斯（こ）うして作られた**有理数**を下の**二次元表**に配列する。

p \ q	1	2	3	…	q
2	$r_{(2,1)}$				
3	$r_{(3,1)}$	$r_{(3,2)}$			
4	$r_{(4,1)}$	$r_{(4,2)}$	$r_{(4,3)}$		
⋮					
p	$r_{(p,1)}$				$r_{(p,q)}$

そうした上で$r_{(2,1)}; r_{(3,1)}, r_{(3,2)}; r_{(4,1)}, r_{(4,2)}, r_{(4,3)}; \cdots; r_{(p,1)}, r_{(p,2)}, \cdots, r_{(p,p-2)}, r_{(p,p-1)}$の様に並べて行って$r_{(2,1)}$を第1番目と数えるなら$r_{(p,q)}$は第$\frac{(p-1)(p-2)}{2}+q$番目になる。$q=p-1$の$r_{(p,p-1)}$は第$\frac{p(p-1)}{2}$番目となる。**自然数**$p$には限りが無い。それ故に**有理数**$r_{(p,q)}$の総てに**自然数**を振り付ける事が出来る。これは**有理数の全体は可付番の無限集合である**と云う言い方で捉えられて居る。**Cantorが現代数学に寄与した成果の一つ**である。

上の様な仕方で順を追って行ったので拾いこぼす事も無く**有理数**を**自然数**に**対応付ける事**も可能となったのである。ここの処（ところ）を$q=1$の列に沿って$r_{(2,1)}, r_{(3,1)}, r_{(4,1)}, r_{(5,1)}, \cdots, r_{(p-1,1)}, r_{(p,1)}$の様に**自然数**に**対応付ける事**を試みたなら$q \neq 1$の**有理数**は対象の外に置かれて仕舞う事になる。**自然数**との間に**一対一の対応関係**を構築する事が出来なくなる訳である。

このCantorの方法が巧く行ったのは**有理数**を**自然数**p及びqに依る**比**の形、詰まり**分数**の形で論じたからである。例えば$p=7$及び$q=2$が与える**分数**は$\frac{2}{7}$であるがこれを**小数**の0.28571 42857 … にして論じたなら大いなる過ちを犯す事になる。当のCantor自身がこの事に気付いては居ないのである。

参考文献

1）赤 摂也 (1994)『集合論入門』培風館、p.49

☆0.999…が数(すう)であるは問題

何の故にこの様な事を言うのかと訝(いぶか)る向きに対してその理由を述べて置く。単純な計算で説明する。ここにnは$n=1,2,3,\cdots,n$なる**自然数**で確定した値を有しつつ限り無く増大して行くのであるが**涯**(はて)は無い。

$$1=\frac{9+1}{10}=0.9+10^{-1}=\frac{99+1}{100}=0.99+10^{-2}=\frac{999+1}{1000}=$$

$$=0.999+10^{-3}=\frac{\overbrace{99\cdots9}^{n}+1}{10^n}=0.\overbrace{99\cdots9}^{n}+10^{-n}$$

これを次の形に書いたものを基本とする。

$$\boxed{10^{-n}=1-(1-10^{-n})=1-0.\overbrace{99\cdots9}^{n}}$$

先に触れた**分数**$\frac{2}{7}$と**小数** 0.28571 42857… の間の関係について見て行く。先ず$\frac{2}{7}=\frac{2\times142857}{7\times142857}=\frac{285714}{999999}$なる等式の成立に注目。$m$を自然数として上の$n$を$n=6m$と置く。$\frac{2}{7}\times10^{-6m}=\frac{2}{7}-\frac{2}{7}\times(1-10^{-6m})\Rightarrow$

$$\frac{2}{7}\times10^{-6m}=\frac{285714}{999999}\times10^{-6m}=\frac{285714}{999999}-\frac{285714}{999999}(1-10^{-6m})=$$

$$=\frac{2}{7}-\frac{285714}{10^6-1}(1-10^{-6m})=\frac{2}{7}-\frac{285714(1-10^{-6m})}{10^6(1-10^{-6})}=$$

$$=\frac{2}{7}-\frac{285714}{1000000}\{1+10^{-6}+10^{-12}+10^{-18}+\cdots+10^{-6(m-1)}\}=$$

$$=\frac{2}{7}-0.\overbrace{285714285714\cdots285714}^{6m\text{桁}}=\frac{285714}{999999}\times10^{-6m}$$

$999999<1000000$であるから只今の計算は次の事を教えて呉れて居る：

$$\frac{285714}{1000000}\times10^{-6m}<\frac{2}{7}-0.\overbrace{285714285714\cdots285714}^{6m\text{桁}}=\frac{285714}{999999}\times10^{-6m}$$

自然数mに限りは無い。**涯**も無い。然(しか)し常に確定した値が存在して居る。この処(ところ)を、mを無限大にしたら$\frac{2}{7}$が0.285714285714…に等しくなる等と言うのである。この様な扱いは適切では無いと云うのが我々の主張である。従って**小数**を0.999…と表現して事足れりとするCantorを含め現代数学の立場は容認する訳には行かないのである。

桁を無限に増やして行くと云う事に何の違和感をも覚えない向きには訴える術も無いのではあるが敢えて『有限で考える』事の重要性を強調する目的で $\sqrt{2}$ を**正準連分数**に展開したものを例に解説を試みる。

$$\sqrt{2}+1=(2;\sqrt{2}+1)=(2;2;\sqrt{2}+1)=(2;2,2,\cdots,2;\sqrt{2}+1)$$

恒等関係 $\sqrt{2}+1=\sqrt{2}+1$ をいろいろに表現しただけの事である。上で“…”の部分には特定する事の無い個数の2が入って居る。実りのある話をする目的で項の数(かず)を n に設定し $\omega^*(n)\equiv\sqrt{2}-1$ と置く事にする。

$$\omega^*(n)=(0;\overbrace{2,2,\cdots,2}^{n-1};\sqrt{2}+1)$$

末項の $\sqrt{2}+1$ を2に置き換えれば**有理数** $r^*(n)$ を導入する事が出来る。

$$r^*(n)=(0;\overbrace{2,2,\cdots,2}^{n-1};2)$$

これは項の数(かず)が n の**有理数**であり明らかに $0<r^*(n)<1$ であるから $r^*(n)$ は件(くだん)の**二次元表**に載る事になって居る。詰まり $r^*(n)$ を $r^*(n)=r(p,q)=\dfrac{q}{p}$ で与える**自然数** p 及び q が存在して居る訳である。

直ぐ後で扱う**補助数列**$(\boldsymbol{B})$でこれを表わす事にすれば次の様になる。

$$r^*(n)=\frac{S_r^{(n;n-1)}}{S_r^{(n;n)}}\quad ;\quad \left(q=S_r^{(n;n-1)};p=S_r^{(n;n)}\right)$$

量 $0.999\cdots9$ が数(すう)であると云うのに異を唱える心算(つもり)は無い。けれども表記 $0.999\cdots$ も数(すう)を表わすとする立場には立つ事が出来ない。これを現代数学は**数列** $a_n=0.\overbrace{99\cdots9}^{n}$ に於て n を無限に大きくしたものとして捉えて居る。

上での p も q も**自然数**であるから無限に大きくして行く事が出来るので端的に言えば $p\to\infty$; $q\to\infty$ を認める立場である。これは $r^*(n)$ が n を無限に大きくして行ったら $(0;2,2,2,\cdots)$ となると云うのに相当する。他方で**無理数** $\sqrt{2}-1=(0;\sqrt{2}+1)$ をも $\sqrt{2}-1\to(0;2,2,2,\cdots)$ [2] として仕舞う。これでは**有理数**も**無理数**も単一の表記になり有理数の**二次元表**に**無理数**が載る事になって仕舞う [3] ではないか！

参考文献

2）Olds, C.D.(1963)『Continued Fractions』Random House , p.54
3）井上 猛 (2016)『数学教育三つの大罪』文芸社、p.56

☆ 無理数と近似有理分数の間の差

無理数 ω を項の数(かず)が n の**正準連分数**に展開する。

$$\omega(n)=(k_0;k_1,k_2,\cdots,k_{n-1};\xi_n)$$

最後の項の ξ_n を ξ_n の**整数部分** k_n に置き換えれば**有理数** $r(n)$ が得られる。

$$r(n)=(k_0;k_1,k_2,\cdots,k_{n-1};k_n)$$

これは**無理数** $\omega(n)$ の近似値を与える**有理数**となって居る。その近似の良否を知るには両者の**差**を考えれば良い。これを手際良く行なう目的で次に示す様な**補助数列(B)**：$\{S_\omega{}^{(n;\lambda)}\}$ 及び $\{S_r{}^{(n;\lambda)}\}$ の導入を図る。

$$S_\omega{}^{(n;\lambda+1)}=k_{n-\lambda}S_\omega{}^{(n;\lambda)}+S_\omega{}^{(n;\lambda-1)}\ ;\ S_\omega{}^{(n;1)}=\xi_n\ ,\ S_\omega{}^{(n;0)}=1$$
$$S_r{}^{(n;\lambda+1)}=k_{n-\lambda}S_r{}^{(n;\lambda)}+S_r{}^{(n;\lambda-1)}\ ;\ S_r{}^{(n;1)}=k_n\ ,\ S_r{}^{(n;0)}=1$$
$$(\lambda=1,2,\cdots,n)$$

これらに依って $\omega(n)$ 及び $r(n)$ がそれぞれ次の様に表わされるのが知れる。

$$\omega(n)=\frac{S_\omega{}^{(n;n+1)}}{S_\omega{}^{(n;n)}}\quad ;\quad r(n)=\frac{S_r{}^{(n;n+1)}}{S_r{}^{(n;n)}}$$

先ずは $\omega(n)$ がこの様に表わされるのを確認して置く。

$$\frac{S_\omega{}^{(n;n+1)}}{S_\omega{}^{(n;n)}}=\frac{k_0S_\omega{}^{(n;n)}+S_\omega{}^{(n;n-1)}}{S_\omega{}^{(n;n)}}=k_0+\frac{S_\omega{}^{(n;n-1)}}{S_\omega{}^{(n;n)}}=$$

$$=k_0+\frac{S_\omega{}^{(n;n-1)}}{k_1S_\omega{}^{(n;n-1)}+S_\omega{}^{(n;n-2)}}=k_0+\cfrac{1}{k_1+\cfrac{S_\omega{}^{(n;n-2)}}{S_\omega{}^{(n;n-1)}}}=$$

$$\equiv k_0+\frac{1}{k_1}+\frac{S_\omega{}^{(n;n-2)}}{S_\omega{}^{(n;n-1)}}=k_0+\frac{1}{k_1}+\frac{1}{k_2}+\frac{S_\omega{}^{(n;n-3)}}{S_\omega{}^{(n;n-2)}}=$$

$$=k_0+\frac{1}{k_1}+\frac{1}{k_2}+\cdots+\frac{S_\omega{}^{(n;1)}}{S_\omega{}^{(n;2)}}=$$

$$=k_0+\frac{1}{k_1}+\frac{1}{k_2}+\cdots+\frac{S_\omega{}^{(n;1)}}{k_{n-1}S_\omega{}^{(n;1)}+S_\omega{}^{(n;0)}}=$$

$$=k_0+\frac{1}{k_1}+\frac{1}{k_2}+\cdots+\frac{1}{k_{n-1}}+\frac{1}{\xi_n}=$$
$$=(k_0;k_1,k_2,\cdots,k_{n-1};\xi_n)$$

これで $\omega(n)$ が $\omega(n)=\dfrac{S_\omega{}^{(n;n+1)}}{S_\omega{}^{(n;n)}}$ と表わされるのが知れた。

$r(n)$ に対するものは末項の ξ_n を k_n に置き換えれば只今の結果がその儘に有効となる。ここでは $k_n=1$ となったとしても構わないとする。

項の数（かず）を $n=18$ として $\sqrt{2}=\omega(18)$ を取り上げてみる。

$$\omega(18)=(1;2,2,2,2,2,2,2,2,2,2,2,2,2,2,2,2,2;\sqrt{2}+1)$$

$$r(18)=(1;2,2,2,2,2,2,2,2,2,2,2,2,2,2,2,2,2;2)$$

$$S_\omega{}^{(18;17)}=1136689(\sqrt{2}+1)+470832$$

$$S_\omega{}^{(18;18)}=2744210(\sqrt{2}+1)+1136689$$

$$\omega(18)=1+\frac{1136689(\sqrt{2}+1)+470832}{2744210(\sqrt{2}+1)+1136689}=$$

$$=\frac{2744210(\sqrt{2}+1)+1136689+1136689(\sqrt{2}+1)+470832}{2744210(\sqrt{2}+1)+1136689}=$$

$$=\frac{2744210(2+\sqrt{2})+1136689\sqrt{2}}{2744210(\sqrt{2}+1)+1136689}=$$

$$=\frac{\sqrt{2}\{2744210(\sqrt{2}+1)+1136689\}}{2744210(\sqrt{2}+1)+1136689}=\sqrt{2}$$

$$S_r{}^{(18;17)}=2744210\quad;\quad S_r{}^{(18;18)}=6625109$$

$$r(18)=1+\frac{S_r{}^{(18;17)}}{S_r{}^{(18;18)}}=1+\frac{2744210}{6625109}$$

これは既に冒頭で見た処（ところ）のものである。

続いて**差** $\omega(n)-r(n)$ を計算して行く事にする。

冗長になるので結果の方を先に示せば次の様である。

$$\omega(n)-r(n)=(-1)^n\frac{\xi_n-k_n}{S_\omega{}^{(n;n)}S_r{}^{(n;n)}}$$

計算には**行列式**の有効利用を図る。

$$\omega(n)-r(n)=\frac{S_\omega{}^{(n;n+1)}}{S_\omega{}^{(n;n)}}-\frac{S_r{}^{(n;n+1)}}{S_r{}^{(n;n)}}=$$

$$=\frac{S_\omega{}^{(n;n+1)}S_r{}^{(n;n)}-S_\omega{}^{(n;n)}S_r{}^{(n;n+1)}}{S_\omega{}^{(n;n)}S_r{}^{(n;n)}}=$$

$$=\frac{1}{S_\omega{}^{(n;n)}S_r{}^{(n;n)}}\begin{vmatrix}S_\omega{}^{(n;n+1)} & S_\omega{}^{(n;n)}\\ S_r{}^{(n;n+1)} & S_r{}^{(n;n)}\end{vmatrix}$$

以下**分子の行列式の部分**のみの計算を行なう。

$$\begin{vmatrix}S_\omega{}^{(n;n+1)} & S_\omega{}^{(n;n)}\\ S_r{}^{(n;n+1)} & S_r{}^{(n;n)}\end{vmatrix}=\begin{vmatrix}k_0S_\omega{}^{(n;n)}+S_\omega{}^{(n;n-1)} & S_\omega{}^{(n;n)}\\ k_0S_r{}^{(n;n)}+S_r{}^{(n;n-1)} & S_r{}^{(n;n)}\end{vmatrix}=$$

$$= k_0 \begin{vmatrix} S_\omega{}^{(n;n)} & S_\omega{}^{(n;n)} \\ S_r{}^{(n;n)} & S_r{}^{(n;n)} \end{vmatrix} + \begin{vmatrix} S_\omega{}^{(n;n-1)} & S_\omega{}^{(n;n)} \\ S_r{}^{(n;n-1)} & S_r{}^{(n;n)} \end{vmatrix} =$$

$$= k_0 \times 0 + \begin{vmatrix} S_\omega{}^{(n;n-1)} & S_\omega{}^{(n;n)} \\ S_r{}^{(n;n-1)} & S_r{}^{(n;n)} \end{vmatrix} = (-1)^1 \begin{vmatrix} S_\omega{}^{(n;n)} & S_\omega{}^{(n;n-1)} \\ S_r{}^{(n;n)} & S_r{}^{(n;n-1)} \end{vmatrix} =$$

$$= (-1)^1 \begin{vmatrix} k_1 S_\omega{}^{(n;n-1)} + S_\omega{}^{(n;n-2)} & S_\omega{}^{(n;n-1)} \\ k_1 S_r{}^{(n;n-1)} + S_r{}^{(n;n-2)} & S_r{}^{(n;n-1)} \end{vmatrix} =$$

$$= (-1)^2 \begin{vmatrix} S_\omega{}^{(n;n-1)} & S_\omega{}^{(n;n-2)} \\ S_r{}^{(n;n-1)} & S_r{}^{(n;n-2)} \end{vmatrix} = (-1)^\lambda \begin{vmatrix} S_\omega{}^{(n;n+1-\lambda)} & S_\omega{}^{(n;n-\lambda)} \\ S_r{}^{(n;n+1-\lambda)} & S_r{}^{(n;n-\lambda)} \end{vmatrix} =$$

$$= (-1)^n \begin{vmatrix} S_\omega{}^{(n;1)} & S_\omega{}^{(n;0)} \\ S_r{}^{(n;1)} & S_r{}^{(n;0)} \end{vmatrix} = (-1)^n \begin{vmatrix} \xi_n & 1 \\ k_n & 1 \end{vmatrix} = (-1)^n \{\xi_n - k_n\}$$

斯くして所望の**関係式**の成立するのが確認された。

改めて**差**の式を書く：$\omega(n) - r(n) = (-1)^n \dfrac{\xi_n - k_n}{S_\omega{}^{(n;n)} S_r{}^{(n;n)}}$

ここで $k_n < \xi_n$ であるから $S_r{}^{(n;n)} < S_\omega{}^{(n;n)}$ なる大小関係が存在する。更に $0 < \xi_n - k_n < 1$ であるから**無理数** $\omega(n)$ と**有理数** $r(n)$ の間の**差**を**微小正数**の $\varepsilon, \varepsilon^*; (\varepsilon^* < \varepsilon)$ に依って押える事も可能となる。

$$\varepsilon^* < \frac{\xi_n - k_n}{\left\{S_\omega{}^{(n;n)}\right\}^2} < \frac{\xi_n - k_n}{S_\omega^{(n;n)} S_r^{(n;n)}} < \frac{1}{\left\{S_r{}^{(n;n)}\right\}^2} < \varepsilon$$

項の数(かず) n が増大するのに連れて**有理数** $r(n)$ と**無理数** $\omega(n)$ との**差**は限り無く小さくなって行く。**自然数** n に**涯(はて)は無い**が常に**確定した数値**が存在。それ故に $r(n)$ が $\omega(n)$ に一致すると云う事は**断じて**無い。**微小正数** ε^* が存在する所以である。

$$S_r^{(18;18)} = 6625109 \ ; \ \frac{1}{\left\{S_r{}^{(18;18)}\right\}^2} \simeq 2.2783 \times 10^{-14} < 2.3 \times 10^{-14} \equiv \varepsilon$$

$S_\omega^{(18;18)}$ の場合は $\sqrt{2}$ を1.5に置き換えて $S_\omega^{(18;18)} < 7997214$ としてみる。分母を大き目に見積もる為にである。逆に分子の方は小さ目に見積もるとして $\sqrt{2}$ の代りに1.4を用いる事にする。

$$\varepsilon^* \equiv 6.2 \times 10^{-15} < \frac{1.4 - 1}{7997214^2} < \frac{\sqrt{2} - 1}{\left\{S_\omega{}^{(18;18)}\right\}^2}$$

自然数 N を18とし同時にこれよりも大きな自然数 N^* を定める。項の数(かず) n が $N \leqq n \leqq N^*$ の範囲に在る場合、ε の方は上の儘で良いが ε^* の方は $S_\omega{}^{(N^*;N^*)}$ に呼応させて決め直す必要が出て来る。

☆ 任意の実数を極限値とする有理数列

数列の収束性に関しての我々の見方を述べて置く。

> **収束条件の式**
>
> 数列$\{a_n\}$がnに**無関係な定数**a及び **微小正数** $\varepsilon, \varepsilon^*$ に対して
>
> $$\varepsilon^* < |\, a_n - a \,| < \varepsilon, (N \leqq n)$$
>
> を満たす時、当該数列は収束して**極限値**にaを持つと言う
>
> (nは**自然数**：**涯**(はて)**は無い**；然(しか)し常に**確定した数**(すう)が存在)

○ 簡単な有理数列の例

$a_n = a + \dfrac{1}{n}$ ；$(n = 1, 2, \cdots, n)$なる数列$\{a_n\}$を考える。ここにaは**定数**である。与えられた**微小正数**εに対して**自然数**Nを$N \equiv \left[\dfrac{1}{\varepsilon}\right] + 1$なる関係に依って定める。そうするなら$N \leqq n$なる番号$n$を有する数列の元(げん)$a_n$は上記の**収束条件の式**：$0 < a_n - a = \dfrac{1}{n} < \varepsilon$を満足させる事が出来る。何となれば$\left[\dfrac{1}{\varepsilon}\right] \leqq \dfrac{1}{\varepsilon} < \left[\dfrac{1}{\varepsilon}\right] + 1 = N$であるから$\dfrac{1}{n} \leqq \dfrac{1}{N} < \varepsilon$を満たすからである。

ここで極限値のaは**有理数**の場合も在れば**無理数**の場合も在り得る。

○ 少し複雑な有理数列の例

有理数列$\{a_n\}$：$a_n = \displaystyle\sum_{k=1}^{n} \frac{1}{n+k}$ これは上に有界な単調増大数列である。

それ故に収束して極限値を持つ。先ずは数列$\{a_n\}$について見てみる。

$$a_n - a_{n+1} = \sum_{k=1}^{n} \frac{1}{n+k} - \sum_{k=1}^{n+1} \frac{1}{n+1+k} = \left\{\frac{1}{n+1} + \sum_{k=2}^{n} \frac{1}{n+k}\right\} +$$

$$-\left\{\sum_{k=1}^{n-1} \frac{1}{n+1+k} + \frac{1}{n+1+n} + \frac{1}{n+1+n+1}\right\} =$$

$$= \frac{1}{n+1} - \left\{\frac{1}{n+1+n} + \frac{1}{n+1+n+1}\right\} =$$

$$= \frac{1}{2n+2} - \frac{1}{2n+1} < 0 \;\Rightarrow\; a_n < a_{n+1} \quad \textbf{単調増大}$$

$$a_n = \sum_{k=1}^{n} \frac{1}{n+k} < \sum_{k=1}^{n} \frac{1}{n+1} = \frac{n}{n+1} < 1 \quad \textbf{上に有界}$$

極限値は**無理数**の $log_e 2$ なのである。ここで e は**自然対数の底**(てい)である。

p 及び q を自然数として未知数 z に関する代数方程式：$z^p - 2^q = 0$ の根は $z = 2^{q/p}$ である。この z は**代数的無理数**である。

対数函数 $y = log_e 2$ を指数函数の形に書き換えれば $2 = e^y$ となるので e について解けば $e = 2^{1/y}$ となる。只今の結果を上の $z = 2^{q/p}$ と比較してみれば e は**超越無理数**であるから y は**有理数**とはなり得ず**無理数**と云う事になる。

以下計算 $log_e 2 = log_e(1+1) - log_e(1+0) =$

$$= \sum_{k=1}^{n} \left\{ log_e\left(1+\frac{k}{n}\right) - log_e\left(1+\frac{k-1}{n}\right)\right\} =$$

$$= \sum_{k=1}^{n} \left\{ log_e\frac{n+k}{n} - log_e\frac{n+k-1}{n}\right\} =$$

$$= \sum_{k=1}^{n} log_e\frac{n+k}{n+k-1} = \sum_{k=1}^{n} log_e\left(1+\frac{1}{n+k-1}\right) =$$

$$= \sum_{k=1}^{n} \frac{1}{n+k-1} log_e\left(1+\frac{1}{n+k-1}\right)^{n+k-1} =$$

$$= \sum_{k=1}^{n} \frac{1}{n+k-1}\left\{ log_e\left(1+\frac{1}{n+k-1}\right)^{n+k-1} - log_e e + log_e e\right\} =$$

$$= \sum_{k=1}^{n} \frac{1}{n+k-1}\left\{ log_e\left(1+\frac{1}{n+k-1}\right)^{n+k-1} - log_e e\right\} + \sum_{k=1}^{n} \frac{1}{n+k-1} log_e e$$

次の様にして数列 $\{a_n\}$ の元(げん) $a_n = \sum_{k=1}^{n} \frac{1}{n+k}$ を導く事にする。

$$\sum_{k=1}^{n} \frac{1}{n+k-1} log_e e = \sum_{k=1}^{n} \frac{1}{n+k-1} =$$

$$= \frac{1}{n} + \left\{ \sum_{k=1}^{n-1} \frac{1}{n+k} + \frac{1}{n+n}\right\} - \frac{1}{n+n} =$$

$$= \sum_{k=1}^{n} \frac{1}{n+k} + \left(\frac{1}{n} - \frac{1}{2n}\right) =$$

$$= a_n + \frac{1}{2n}$$

以上から $log_e 2$ が次の様に表わされる。

$$log_e 2 = \sum_{k=1}^{n} \frac{1}{n+k-1}\left\{ log_e\left(1+\frac{1}{n+k-1}\right)^{n+k-1} - log_e e\right\} + a_n + \frac{1}{2n}$$

斯(か)くして $log_e 2 - a_n$ に対する所望の表式を書く事が出来るに至った。

$$log_e 2 - a_n = \frac{1}{2n} - \sum_{k=1}^{n} \frac{1}{n+k-1}\left\{ log_e e - log_e\left(1+\frac{1}{n+k-1}\right)^{n+k-1}\right\}$$

ここで $n+k-1$ は $n \leqq n+k-1 < 2n$ である。これから次が得られる。

$$\left(1+\frac{1}{n}\right)^{n} < \left(1+\frac{1}{n+k-1}\right)^{n+k-1} < \left(1+\frac{1}{2n}\right)^{2n}$$

これを基に以下の関係が導き出される。

$$0 < \{乙\} < log_e e - log_e\left(1+\frac{1}{n+k-1}\right)^{n+k-1} < \{甲\}$$

$$\{甲\} \equiv log_e e - log_e\left(1+\frac{1}{n}\right)^{n} \; ; \; \{乙\} \equiv log_e e - log_e\left(1+\frac{1}{2n}\right)^{2n}$$

$$\frac{\{乙\}}{2n} < \frac{1}{n+k-1}\left\{log_e e - log_e\left(1+\frac{1}{n+k-1}\right)^{n+k-1}\right\} \leqq \frac{\{甲\}}{n}$$

上の不等式の各項に演算 $\sum_{k=1}^{n}$ を施す事に依って次が得られる。

$$\frac{1}{2}\{乙\} < \sum_{k=1}^{n} \frac{1}{n+k-1}\left\{log_e e - log_e\left(1+\frac{1}{n+k-1}\right)^{n+k-1}\right\} < \{甲\}$$

以上に依って $log_e 2 - a_n$ の差の範囲を次の形に書く事が出来る。

$$\frac{1}{2n} - \{甲\} < log_e 2 - a_n < \frac{1}{2n} - \frac{1}{2}\{乙\}$$

そこで必要となるのが｛甲｝及び｛乙｝の評価である。

$$\{甲\} = log_e e - n \times log_e\left(1+\frac{1}{n}\right) =$$

$$\simeq 1 - n\left\{\frac{1}{n} - \frac{1}{2}\left(\frac{1}{n}\right)^2 + \frac{1}{3}\left(\frac{1}{n}\right)^3 - \frac{1}{4}\left(\frac{1}{n}\right)^4\right\} =$$

$$= \frac{1}{2n} - \frac{1}{3n^2} + \frac{1}{4n^3}$$

これに依って次を導く事が出来る。

$$\frac{1}{2n} - \frac{1}{3n^2} < \{甲\} < \frac{1}{2n} - \frac{1}{3n^2} + \frac{1}{4n^3}$$

勿論｛乙｝に対しても同様の評価を行なう。

$$\{乙\} = log_e e - 2n \times log_e\left(1+\frac{1}{2n}\right) \simeq \frac{1}{4n} - \frac{1}{12n^2} + \frac{1}{32n^3}$$

只今の場合は次の様になる。

$$\frac{1}{4n} - \frac{1}{12n^2} < \{乙\} < \frac{1}{4n} - \frac{1}{12n^2} + \frac{1}{32n^3}$$

ここで次の関係を導いて置く。

$$\frac{1}{2n} - \{甲\} > \frac{1}{2n} - \left\{\frac{1}{2n} - \frac{1}{3n^2} + \frac{1}{4n^3}\right\} = \frac{1}{3n^2} - \frac{1}{4n^3}$$

$$\frac{1}{2n}-\frac{1}{2}\{乙\}<\frac{1}{2n}-\frac{1}{2}\left\{\frac{1}{4n}-\frac{1}{12n^2}\right\}=\frac{3}{8n}+\frac{1}{24n^2}$$

これで $log_e 2-a_n$ に対する収束条件を書き下せる事になった。

$$\frac{1}{3n^2}-\frac{1}{4n^3}<log_e 2-a_n<\frac{3}{8n}+\frac{1}{24n^2}$$

与えられた**微小正数** ε^* 及び ε に対して自然数 N^* 及び N を次の様に定める。

$$\varepsilon^*<\frac{1}{3N^{*2}}-\frac{1}{4N^{*3}}\leqq\frac{1}{3n^2}-\frac{1}{4n^3}\ ;\ \frac{3}{8n}+\frac{1}{24n^2}\leqq\frac{3}{8N}+\frac{1}{24N^2}<\varepsilon$$

これ即ち上で考えて来た自然数 n を $N\leqq n\leqq N^*$ を満たすものに限るとした事になる訳である。先ずは所望の評価式を次の形に書いて置く処（ところ）まで来た。

$$\varepsilon^*<log_e 2-\sum_{k=1}^{n}\frac{1}{n+k}<\varepsilon\ ;\ (N\leqq n\leqq N^*)$$

微小正数 ε が与えられたならこの値に応じてもう一つの**微小正数** δ を定めると云う事が残って居る。この時には下の図が参考になる。

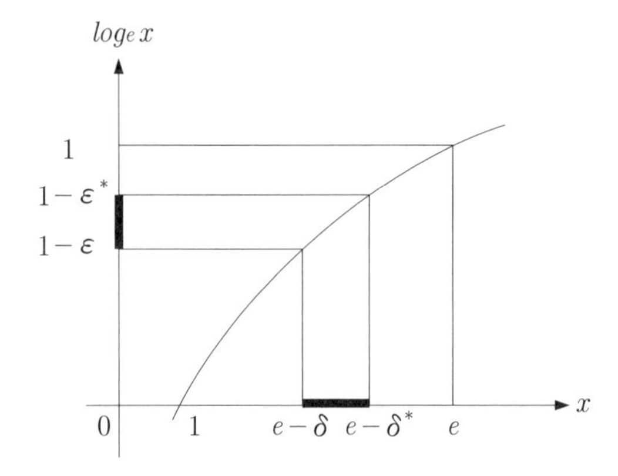

明らかに $log_e e-log_e(e-\delta)=1-(1-\varepsilon)=\varepsilon$ であり $log_e e-log_e(e-\delta)=$

$=-log_e\left(1-\frac{\delta}{e}\right)\simeq-\left\{\left(-\frac{\delta}{e}\right)-\frac{1}{2}\left(-\frac{\delta}{e}\right)^2\right\}=\frac{\delta}{e}+\frac{1}{2}\left(\frac{\delta}{e}\right)^2<\varepsilon$ を導くことも出来る。

$\varepsilon=-log_e\left(1-\frac{\delta}{e}\right)$ を δ について解けば $\frac{\delta}{e}=1-e^{-\varepsilon}\simeq\varepsilon-\frac{1}{2}\varepsilon^2$ となる。この δ と n の間の関係を導いて行きたい。これには次の不等式が有用：

$$\frac{e}{2n}\left(1-\frac{11}{12n}\right)<e-\left(1+\frac{1}{n}\right)^n<\frac{e}{2n}$$

これを見れば既に導入した自然数の N を $\frac{e}{2n}\leqq\frac{e}{2N}$ と定め $\frac{e}{2N}\leqq\delta$ とすれば以下の様な計算が可能となる。

$$\frac{3}{8N}+\frac{1}{24N^2}\leqq\frac{3}{8}\times\frac{2\delta}{e}+\frac{1}{24}\left(\frac{2\delta}{e}\right)^2=\frac{3}{4}\times\frac{\delta}{e}+\frac{1}{6}\left(\frac{\delta}{e}\right)^2<\frac{\delta}{e}+\frac{1}{2}\left(\frac{\delta}{e}\right)^2<\varepsilon$$

先に $\frac{e}{\delta} \leqq 2N$ としたがこのNが $N < \frac{e}{\delta} \leqq 2N$ を満たすとしても良いであろう。詰まり $\frac{1}{2N} \leqq \frac{\delta}{e} < \frac{1}{N}$ とする訳である。

与えられた**微小正数** ε^* に対する**微小正数** δ^* 及び自然数 N^* を決定するには一つの自然数sを導入して $N^* \equiv sN$ と置き、更に $\frac{\delta^*}{e} \equiv \frac{1}{2s} \times \frac{\delta}{e}$ とするなら次の関係を導くのも容易な事となる。但しsは $3 \leqq s$ として置く。

$$\frac{1}{3n^2} - \frac{1}{4n^3} \geqq \frac{1}{3N^{*2}} - \frac{1}{4N^{*3}} = \frac{1}{3(sN)^2} - \frac{1}{4(sN)^3} =$$

$$> \frac{1}{3s^2}\left(\frac{\delta}{e}\right)^2 - \frac{1}{4s^3}\left(\frac{\delta}{e}\right)^3 > \frac{\delta^*}{e} + \left(\frac{\delta^*}{e}\right)^2 > \varepsilon^*$$

斯くして所望の表式を次の形に求める事が出来た。

$$\varepsilon^* < log_e 2 - \sum_{k=1}^{n} \frac{1}{n+k} < \varepsilon \quad ; \quad (N \leqq n \leqq N^* = sN)$$

$$\left(\frac{\delta}{e} = 1 - e^{-\varepsilon}, \frac{e}{2\delta} \leqq N ; \frac{\delta^*}{e} = 1 - e^{-\varepsilon^*} = \frac{1}{2s} \cdot \frac{\delta}{e}\right)$$

ここで、ε^*など不要と云う向きが殆どであろう。然し**有理数**の $\sum_{k=1}^{n} \frac{1}{n+k}$ が**無理数**の $log_e 2$ に一致すると云う事は**断じて**無い。それ故に $0 < \varepsilon^*$ の存在は歴然たるものである。

冗長になったが**無理数**を極限値とする**有理数列**の具体例を示す事が出来た。

因みに $a_n = \sum_{k=1}^{n} \frac{1}{n+k}$ が与える近似値を計算してみれば以下の様である。

$$a_{10} \simeq 0.66877\,14031 \quad ; \quad a_{100} \simeq 0.69065\,34304$$

$$a_{1000} \simeq 0.69289\,72426 \quad ; \quad a_{10000} \simeq 0.69312\,21766$$

これで見ると $log_e 2$ の近似値は $log_e 2 \simeq 0.69314\,71805$ であるから余り有効な方法とは言い難い。尤も $log_e 2$ に収束する有理数列を上のものに限る必要は無い。上と異なる例として連分数に依るもの[4) 5)]を挙げて置く。

$$log_e(1+x) = \frac{x}{1+}\frac{x}{2+}\frac{x}{3+}\frac{2x}{2+}\frac{2x}{5+}\frac{3x}{2+}\frac{3x}{7+}\cdots+\frac{nx}{2+}\frac{nx}{2n+1+Z_{2n+1}}$$

Z_{2n+1} は次の微分方程式を満たすxの函数である。解は勿論**無理数**である。

$$(1+x)xZ'_{2n+1} + \{(2n+1) - x\}Z_{2n+1} + Z^2{}_{2n+1} = (n+1)^2 x$$

連分数表記の末項を省いて $x = 1$ とすれば $log_e 2$ の近似値が得られる。

$$log_e 2 \simeq \frac{1}{1+}\frac{1}{2+}\frac{1}{3+}\frac{2}{2+}\frac{2}{5+}\frac{3}{2+}\frac{3}{7+}\frac{4}{2+}\frac{4}{9+}\frac{5}{2+}\frac{5}{11+}\frac{6}{2+}\frac{6}{13+}\frac{7}{2}$$

項の数(かず)の増加に伴なって出来る**近似有理分数**$\{b_n\}$を計算してみる。

$$b_1 = \frac{1}{1} = 1\ ;\ b_2 = \frac{1}{1+}\frac{1}{2} = \frac{2}{3}\ ;\ b_3 = \frac{1}{1+}\frac{1}{2+}\frac{1}{3} = \frac{7}{10}\ ;\ b_4 = \frac{9}{13}$$

$$b_5 = \frac{52}{75} \simeq 0.69333\ 33333 \quad ; \quad b_6 = \frac{131}{189} \simeq 0.69312\ 16931$$

$$b_7 = \frac{1073}{1548} \simeq 0.69315\ 24548 \quad ; \quad b_8 = \frac{445}{642} \simeq 0.69314\ 64174$$

$$b_9 = \frac{14161}{20430} \simeq 0.69314\ 73324 \quad ; \quad b_{10} = \frac{34997}{50490} \simeq 0.69314\ 71579$$

$$b_{11} = \frac{37981}{54795} \simeq 0.69314\ 71849 \quad ; \quad b_{12} = \frac{62307}{89890} \simeq 0.69314\ 71798$$

$$b_{13} = \frac{192383}{277550} \simeq 0.69314\ 71806 \quad ; \quad b_{14} = \frac{4719958}{6809460} \simeq 0.69314\ 71805$$

これで見れば只今の連分数に依るものの方が先の数列$\{a_n\}$に依るものよりも近似の度合いの高いのが知れる。**近似有理分数**$\{b_n\}$は**正則連分数**では無い。

これを項の数(かず)が15の**正則連分数**$r(15)$に書き換えるならば次の様になる。

$$r(15) = (0;1,2,3,1,6,3,1,1,2,1,1,1,1,3,10) =$$

$$= \frac{261740}{377611} \simeq 0.69314\ 71805$$

閑話休題ここで特に強調して置きたいのは**無理数**を極限値とする**有理数列**が存在すると云う事なのである。

参考文献

4） Lagrange , J.L. (1776)『Œuvres Tome IV』 Gauthier-Villars , p.316
5） Lyusternik , L.A. and Yanpol'skii , A.R. (1965)
『Mathematical Analysis』 Pergamon Press , p.272

☆Cantorの対角線論法

この論法はいろいろに論じられて居るが見た目に反論の余地が無いと考えられる次のものを代表的な例[6]として挙げてみる。

▶g) 対角線論法

たとえば区間$(0,1)$が非可算集合であることを普通はつぎのように証明する．$(0,1)$が可算集合である，すなわち，

$$(0,1)=\{\rho_1,\rho_2,\rho_3,\cdots,\rho_n,\cdots\}$$

であると仮定して，$\rho_1,\rho_2,\rho_3,\cdots,\rho_n,\cdots$の10進小数表示を

$$\rho_1=0.k_{11}k_{12}k_{13}\cdots k_{1m}\cdots$$
$$\rho_2=0.k_{21}k_{22}k_{23}\cdots k_{2m}\cdots$$
$$\rho_3=0.k_{31}k_{32}k_{33}\cdots k_{3m}\cdots$$
$$\cdots\cdots$$
$$\cdots\cdots$$
$$\rho_n=0.k_{n1}k_{n2}k_{n3}\cdots k_{nm}\cdots$$
$$\cdots\cdots$$

とする．ここに現われた数字k_{nm}のうち，‘対角線上に並んでいる’数字$k_{11},k_{22},k_{33},\cdots,k_{nn},\cdots$に着目して，各$n$について

$$k_n\neq k_{nn},\ 1\leqq k_n\leqq 8\ ,$$

なる数字k_nを任意に一つ選んで，

$$\rho=0.k_1k_2k_3\cdots k_n\cdots$$

とおく．$1\leqq k_n\leqq 8$だから，実数ρの10進小数表示はただ一通りに定まる．ρは区間$(0,1)$に属するからρ_nのいずれか一つと一致する筈であるが，$\rho=\rho_n$とすれば$k_n=k_{nn}$でなければならないことになって，$k_n\neq k_{nn}$と矛盾する．故に$(0,1)$は可算ではない．

この証明の論法をCantorの**対角線論法**という．対角線論法は集合論において基本的である．◀

上で論者は何の疑いも抱く事無くρ_nの10進小数表示が次の様であるとして話を進めて居る：$\rho_n=0.k_{n1}k_{n2}k_{n3}\cdots k_{nm}\cdots$ 。これは先程の$\frac{2}{7}$を$\frac{2}{7}$の儘（まま）に扱うのでは無しに 0.28571 42857… とするのと軌（き）を一（いつ）にするものである。人はこの扱いの何処（どこ）が可笑（おか）しいと言うのかと訝（いぶか）る向きも無しとはしないであろう。

それは当然の事である。上に引用した数学書の著者は高名な数学者であってその数学者が上の様に述べて居るのであるから問題が在る等と思う筈も無い。

参考文献

6）小平邦彦（1976）『解析入門Ⅰ』岩波書店、p.53

☆ 縦一列に存在しない数の濃度

上に引用した文献に限らず何れの解説書からも対角線上に存在しない**数**が漸く見付けられたかの様な印象を受ける。それは『斯かる**数**など無数に存在し**それら**を見付けるのも容易なこと』と明言したものに出逢った事が無いからである。**縦一列**の上の数 $\rho_1, \rho_2, \rho_3, \cdots, \rho_n, \cdots$ よりも**遥かに**多くの**数**を同様の手法に依って見付け出す事が可能なのである。

ρ_1 の k_{11} に一致する数は、0から9までの10個の中の1個だけであるから残る9個の数は任意に選ぶ事が出来る。この種の議論では0及び9は省く事になって居るので10個の中の3個を除いた7個が選べる事になる。ρ_1 の k_{12} についても同様の議論が出来るので7個を選ぶ事が出来る。以下も同じ様にして7個ずつを選ぶ事が可能である。

上記の情況に関連すると思われる箇所を集合論の著書[7)]から引用してみる。

▶**定理4．** 任意の集合Aの濃度は，Aの部分集合の全体から成る集合，すなわちAの巾集合の濃度よりも小さい：$|A|<|2^A|$

［定理の証明］まず最初に，$|A|\leqq|2^A|$であること，いい換えれば，2^Aの中にAと対等な部分集合が存在することを示そう．

Aの部分集合のうちで，元を一つしか含まないものの全体をA_1とする．しからば当然$A_1\subseteq 2^A$．いま，Aの任意の元aに$\{a\}$なるA_1の元を対応させることにすれば，これはAからA_1への一対一の対応である．ゆえに$A\sim A_1$，すなわち$|A|\leqq|2^A|$.

つぎに，$|A|\neq|2^A|$なること，つまり$A\sim 2^A$でないことを証明する．

かりに，Aから2^Aへの一対一の対応Gがあったものとしよう．Aの任意の元aのGによる像G_aは，当然Aの一つの部分集合である．したがって，それはaを含むか含まないかいずれかである．いま，G_aがaを含まないようなaを全部集めて，Aの部分集合Bを構成することにしよう．つまり，Bは自分の像に含まれないようなAの元の全体にほかならない． さて，このBはもちろん2^Aに属するから，Aのある元bのGによる像G_bになっているはずである：$B=G_b$．そうすれば，このbはG_bには含まれない．なぜならば，bがG_bの元ならば，それはBの元であるから，Bの定義によって，bは自分の像G_bに含まれることができないはずだからである．ところが，bがG_bに含まれないとすると，bはその像に含まれないのであるから，それはBすなわちG_bの元でなくてはなら

ぬという奇妙なことになる．これは，そもそもAから2^Aへの一対一の対応Gがあるとしたことから起った矛盾である．ゆえに$|A| \neq |2^A|$.

こうして，$|A| < |2^A|$であることが示された．◀

只今の証明を否定することは無いのであろう。けれどもこの一事を以て$|A| = |2^A|$の成立する場合が在り得るかも知れないのに、$|A| < |2^A|$であると断定するのは間違いと言うべきであろう。

既に指摘した処であるがk_{11}に一致しない数として7個を選び出す事が可能である。同様にk_{12}に一致しない数も7個が存在し得る。これ即ち、縦一列に存在して居ない数の個数が$7^{\aleph_0} \times \aleph_0 = \aleph$である事を意味する。

縦一列に無い数を用いて**新たな縦一列**を作れば、その個数は$\aleph^{\aleph_0}$となる。

要するに実数の総てを**縦一列**に並べる事が出来ると**仮定すれば**と云う処から話が始まるのであるが、**斯かる仮定**は**設定すること自体が無意味な事**なのである。

既に指摘した事柄ではあるが、「**Cantorの対角線論法**というもの、**仮定法**の形を採ってはいるが、数学的論証のための条件が整ってはいない」[8]のである。

参考文献

7）赤 摂也 (1994)『集合論入門』培風館、p.61
8）井上 猛 (2016)『数学教育三つの大罪』文芸社、p.44

☆ 無理数は可付番無限か？

一つの**無理数**が与えられた時これを極限値とする**有理数列**が必ず存在する。この**有理数列**の項の数(かず)は現代数学の表現を借りるなら「**可付番無限個**でそれの**濃度**は $\aleph_0$ である」と云う事になる。上の無理数と異なる**無理数**が与えられたならば上と異なる**有理数列**がこれまた必ず存在する。

有理数列の初項には $\aleph_0$ の有理数が存在し得る。第二項目にも第三項目にも $\aleph_0$ の有理数が存在し得る。さて第 n 項目までの有理数の個数であるが、これを $\aleph_0 + \cdots + \aleph_0 = n \times \aleph_0$ と数えるのか $\aleph_0{}^n$ と数えるのか。この場合は何(いず)れであっても等しく $\aleph_0$ である。

前者の場合は**無理数**に対して $\aleph_0 \times \aleph_0 = \aleph_0$ の**有理数**が対応する事になる。これは**無理数**が**可付番無限**である事を表わして居る。然(しか)し後者の場合には $\aleph_0{}^{\aleph_0} = \aleph$ となるので**無理数**の**濃度**が $\aleph$ なる**連続体の濃度**と云う事になる。

項の数(かず)の数え方如何(いかん)に依って結論が異なる事になった。そこで只今の議論で決着を付けるのは先送りする事にしたい。

無理数の可付番無限性

無理数 ω を項の数がnの**正準連分数**に展開する。

$$\omega(n)=(k^{(0)};k^{(1)},k^{(2)},\cdots,k^{(n-1)};\xi^{(n)})$$

ここに $k^{(0)}$ は**整数**で $k^{(1)},k^{(2)},\cdots,k^{(n-1)}$ は**自然数**であり $\xi^{(n)}$ は**無理数**である。

この $\xi^{(n)}$ は1よりも大であるから $\xi^{(n)}=k^{(n)}+\eta^{(n)},(0<\eta^{(n)}<1)$ と置く事が出来る。当然の事ながら $k^{(n)}$ は**自然数**であり $\eta^{(n)}$ は**無理数**である。

そうすれば**無理数** $\omega(n)$ に呼応させて**正則連分数**に展開された**有理数** $r(n)$ を考える事が出来る：$r(n)=(k^{(0)};k^{(1)},k^{(2)},\cdots,k^{(n-1)};k^{(n)})$

この『一つの**正準連分数**に対して一つの**正則連分数**が対応する』と云う事を「両者の間に一対一の対応関係が存在する」とした事が在った[9)]。これは単に『**無理数**に番号付けする事が可能』と云うのを示したに過ぎない。

この番号付けの可能性に着目して次の様な**縦一列**を考える。

$$\omega_1=(k_1^{(0)};k_1^{(1)};\xi_1^{(2)})$$

$$\omega_2=(k_2^{(0)};k_2^{(1)},k_2^{(2)};\xi_2^{(3)})$$

…………

………………

$$\omega_n=\left(k_n{}^{(0)};k_n{}^{(1)},k_n{}^{(2)},\ \cdots\ ,k_n{}^{(n)};\xi_n{}^{(n+1)}\right)$$

（n は**自然数**：**涯は無い**；然し常に**確定した数**が存在）

この時に**縦一列**に並んで居る**無理数**の何れとも異なる数が存在し得るものか否かを確かめる。その為に $k^{(1)}\neq k_1{}^{(1)},k^{(2)}\neq k_2{}^{(2)},\cdots,k^{(n)}\neq k_n{}^{(n)}$ の様に**自然数** $k^{(1)},k^{(2)},\cdots,k^{(n)}$ を選び $k^{(0)}$ を任意の整数であるとして次を考える。

$$r(n)\equiv\left(k^{(0)};k^{(1)},k^{(2)},\cdots,k^{(n)}\right)$$

これは、各項の数が $\omega_1,\omega_2,\cdots,\omega_n$ の何れとも異なる様に選定されて居るので**縦一列**には存在しては居ない数である。何よりも只今の $r(n)$ は**有理数**である。

これから『**無理数は可付番**の**無限集合**である』が導かれる事になる。

上記の**縦一列**に於ける末項の**無理数**を排除すると、**正則連分数**に展開された**有理数**となる。これに依って『**有理数**が**可付番**の**無限集合**である』を導く事が出来る。

参考文献

9）井上 猛 (2017)　天体力学入門講座 (17)『天界』東亜天文学会、p.131

自然数の平方根の正準(せいじゅん)連分数(れんぶんすう)展開

自然数Nの平方根を**正準連分数**に展開する際の**要**(かなめ)は$\sqrt{N}$を**自然数**kと正(せい)の1より小なる**無理数**σとの和(わ)で表わす事である：$\sqrt{N}=k+\sigma,(0<\sigma<1)$

この事を踏まえてP及びQを**自然数**とした次の二次方程式から出発する：

$$\boxed{P^2u^2-2PQu+Q^2-N=0}$$

未知数uの正負(せいふ)の根を書き出せば次の様になる：

$$u=\frac{PQ\pm\sqrt{(PQ)^2-P^2(Q^2-N)}}{P^2}=\frac{Q\pm\sqrt{N}}{P}$$

与えられた自然数Nに対して、**自然数**mが存在して$m^2<N<(m+1)^2$なる関係を成立させる事が出来る。この事を$\sqrt{N}=m+\sigma$と捉える事にする。ここにσは$0<\sigma<1$を満たす無理数である。

以下に**正準連分数**展開の手順を述べる。

P_0及びQ_0を共に**自然数**であるとして次の二次方程式を考える：

$$P_0^2u_0^2-2P_0Q_0u_0+Q_0^2-N=0$$

正(せい)の根u_0は次の形に書く事が出来る：$u_0=\dfrac{Q_0+\sqrt{N}}{P_0}$

ここで$P_0=1$とし$Q_0=m$とすれば次の様な計算が出来る事になる：

$$u_0=\frac{Q_0+\sqrt{N}}{P_0}=Q_0+\sqrt{N}=m+(m+\sigma)=2m+\sigma=$$

$$\equiv k_0+\sigma=k_0+\frac{1}{u_1}\equiv(k_0;u_1)\ ;\ (1<u_1)$$

$Q_1=k_0P_0-Q_0=2m\times1-m=m$と置けば$\sqrt{N}-Q_1=\sigma$となるので以下の計算が出来る事になる：

$$u_0=\frac{k_0P_0+\{\sqrt{N}-(k_0P_0-Q_0)\}}{P_0}=k_0+\frac{\sqrt{N}-Q_1}{P_0}=$$

$$=k_0+\frac{(\sqrt{N}-Q_1)(\sqrt{N}+Q_1)}{P_0\times(\sqrt{N}+Q_1)}=k_0+\cfrac{1}{\cfrac{P_0\times(\sqrt{N}+Q_1)}{N-Q_1^2}}=$$

$$=k_0+\cfrac{1}{\cfrac{\sqrt{N}+Q_1}{\cfrac{N-Q_1^2}{P_0}}}=k_0+\frac{1}{u_1}=(k_0;u_1)\ ;\ (1<u_1)$$

これから$u_1=\cfrac{\sqrt{N}+Q_1}{\cfrac{N-Q_1^2}{P_0}}$なるのが知れる。関係：$1=P_0\leqq N-Q_1^2$に

着目して $\dfrac{N-{Q_1}^2}{P_0}$ を $P_1 \equiv \dfrac{N-{Q_1}^2}{P_0}$ と置けばこの P_1 は**自然数**であり、これに依って u_1 は次の形に表わされる：$u_1=\dfrac{Q_1+\sqrt{N}}{P_1}$

このu₁は次の二次方程式の正の根となって居る：

$$ {P_1}^2{u_1}^2-2P_1Q_1u_1+{Q_1}^2-N=0 $$

要に従って u_1 を $k+\sigma$ の形に書く事を考える。**これは $Q_1+\sqrt{N}$ の中に P_1 が幾つ入るか**を考えると云う事を意味する。そこで一つの自然数 k_1 を考え条件式：$0<(\sqrt{N}+Q_1)-k_1P_1<P_1$ が満たされる様にすれば良い事になる。これは $0<\sqrt{N}-(k_1P_1-Q_1)<P_1$ の形に書き換える事が出来るので Q_2 を $Q_2=k_1P_1-Q_1$ と置けば $0<\sqrt{N}-Q_2<P_1$ となる。定め方から Q_2 は正の量であり $0<Q_2<\sqrt{N}$ なるのも知れる。当然の事ながら Q_2 も**自然数**である。

上の条件式：$0<\sqrt{N}-k_1P_1+Q_1<P_1$ は $\sqrt{N}=m+\sigma,(0<\sigma<1)$ に着目する時は次の形：$k_1P_1 \leqq m+Q_1<(k_1+1)P_1$ で捉える事も可能となる。

以下に u_0 の時に行なったのと同様の計算を u_1 に対して行なう。

$$ u_1=\frac{Q_1+\sqrt{N}}{P_1}=\frac{k_1P_1+\{\sqrt{N}-(k_1P_1-Q_1)\}}{P_1}=k_1+\frac{\sqrt{N}-Q_2}{P_1}= $$

$$ =k_1+\frac{(\sqrt{N}-Q_2)(\sqrt{N}+Q_2)}{P_1\times(\sqrt{N}+Q_2)}=k_1+\cfrac{1}{\cfrac{P_1\times(\sqrt{N}+Q_2)}{N-{Q_2}^2}}= $$

$$ =k_1+\cfrac{1}{\cfrac{\sqrt{N}+Q_2}{\cfrac{N-{Q_2}^2}{P_1}}}=k_1+\frac{1}{u_2}=(k_1;u_2)\ ;\ (1<u_2) $$

$P_2 \equiv \dfrac{N-{Q_2}^2}{P_1}$ と置けば u_2 が $u_2=\dfrac{Q_2+\sqrt{N}}{P_2}$ と表わされる事になる。

これは次の二次方程式の正の根となって居る：

$$ {P_2}^2{u_2}^2-2P_2Q_2u_2+{Q_2}^2-N=0 $$

上の Q_2 に倣って $Q_3=k_2P_2-Q_2$ と置けば u_2 は次の様になる：

$$ u_2=\frac{Q_2+\sqrt{N}}{P_2}=\frac{k_2P_2+\{\sqrt{N}-(k_2P_2-Q_2)\}}{P_2}=k_2+\frac{\sqrt{N}-Q_3}{P_2}= $$

$$ =k_2+\frac{1}{u_3}\equiv(k_2;u_3)\ ;\ (1<u_3) $$

条件式 $k_2P_2 \leqq m+Q_2<(k_2+1)P_2$ が自然数 k_2 の決定を可能とする。

只今のQ_3を用いて$P_3=\dfrac{N-Q_3{}^2}{P_2}$を導入すれば$u_3=\dfrac{Q_3+\sqrt{N}}{P_3}$なる量が二次方程式：$P_3{}^2u_3{}^2-2P_3Q_3u_3+Q_3{}^2-N=0$の正の根になると云うのは先の$u_0$, u_1, u_2の例に倣う時は容易に理解することの出来る事柄である。

以下ここに述べた手順に従って**所望の**結果を得る処（ところ）まで計算を進めて行く。

………………………………………

自然数Nの平方根を**正準連分数**に展開する為の計算を手際よく進めて行くのに最適と考えられる下記の**表**（ひょう）$(j;Q,P;k)$の活用を推奨する。

先ずは次の不等式：$m<\sqrt{N}=m+\sigma<m+1$を満たす**自然数**mを見い出す処から始める。

$Q_0=m, P_0=1$; $k_0=2m$であるから下記の記入欄に書き込んで行く。

j	0	1	2	3	4	…
Q	m	m	k_1P_1-m	Q_3	Q_4	…
P	1	$N-m^2$	$\dfrac{N-Q_2{}^2}{P_1}$	P_3	P_4	…
k	$2m$	k_1	k_2	k_3	k_4	…

$Q_1=k_0P_0-Q_0=2m\times1-m=m$, $P_1=N-m^2$で計算して記入する。

不等式：$k_1P_1\leqq m+Q_1<(k_1+1)P_1$を満足させる**自然数**$k_1$を決定した後は$Q_2=k_1P_1-Q_1$に依って$Q_2$を定め$P_2$を$P_2=\dfrac{N-Q_2{}^2}{P_1}$で計算し不等式$k_2P_2\leqq m+Q_2<(k_2+1)P_2$を満足させる$k_2$を求めて記入する。

$N=233$の場合を例示してみれば次の様である：

$N=233$; $\sqrt{N}=m+\sigma, (0<\sigma<1)$, $m\equiv[\sqrt{N}]=15$

$Q_0=15$, $P_0=1$; $k_0=2m=30$

j	0	1	2	3	4	5	6	7	8	9	10	11
Q	15	15	9	10	11	5	8	5	11	10	9	15
P	1	8	19	7	16	13	13	16	7	19	8	1
k	30	3	1	3	1	1	1	1	3	1	3	$15+\sqrt{233}$

ここには**端麗な**姿が如実に現われて居るのが見て取れる。

☆ 14の平方根の正準連分数展開

$N=14\ ;\ \sqrt{N}=m+\sigma,\ (0<\sigma<1),\ m\equiv[\sqrt{N}]=3$

……………………………………

$Q_0=3, P_0=1;\ k_0=2m=6$

$$u_0=\frac{Q_0+\sqrt{N}}{P_0}=Q_0+\sqrt{N}=3+\sqrt{14}=2m+\sigma=k_0+\frac{1}{u_1}$$

j	0	1	2	3	4
Q	3	3	2	2	3
P	1	5	2	5	1
k	6	1	2	1	$3+\sqrt{14}$

$$Q_1=k_0P_0-Q_0=6-3=3, P_1=\frac{N-Q_1^2}{P_0}=\frac{14-9}{1}=5$$

$$0\leqq m+Q_1-k_1P_1=3+3-5k_1<P_1\Longrightarrow k_1=1$$

$$u_1=\frac{Q_1+\sqrt{N}}{P_1}=\frac{3+\sqrt{14}}{5}=k_1+\frac{1}{u_2}$$

$$Q_2=k_1P_1-Q_1=1\times5-3=2, P_2=\frac{N-Q_2^2}{P_1}=\frac{14-4}{5}=2$$

$$0\leqq m+Q_2-k_2P_2=3+2-2k_2<P_2\Longrightarrow k_2=2$$

$$u_2=\frac{Q_2+\sqrt{N}}{P_2}=\frac{2+\sqrt{14}}{2}=k_2+\frac{1}{u_3}$$

$$Q_3=k_2P_2-Q_2=2\times2-2=2, P_3=\frac{N-Q_3^2}{P_2}=\frac{14-4}{2}=5$$

$$0\leqq m+Q_3-k_3P_3=3+2-5k_3<P_3\Longrightarrow k_3=1$$

$$u_3=\frac{Q_3+\sqrt{N}}{P_3}=\frac{2+\sqrt{14}}{5}=k_3+\frac{1}{u_4}$$

$$Q_4=k_3P_3-Q_3=1\times5-2=3, P_4=\frac{N-Q_4^2}{P_3}=\frac{14-9}{5}=1$$

$$u_4=\frac{Q_4+\sqrt{N}}{P_4}=\frac{3+\sqrt{14}}{1}=3+\sqrt{14}=u_0$$

$P_0=1$から出発して$j=4$に至り$P_4=1$を得た。第四番目の項k_4の座には$3+\sqrt{14}=u_0$が入って来る。以降は$(6;1,2,1;3+\sqrt{14})$が繰り返される：

$$u_0=3+\sqrt{14}=(k_0;k_1,k_2,k_3;u_0)=(6;1,2,1;3+\sqrt{14})$$

☆ $\sqrt{59}$ の正準連分数表示

$N = 59$; $\sqrt{N} = m + \sigma$, $(0 < \sigma < 1)$, $m \equiv [\sqrt{N}] = 7$

……………………………………

$Q_0 = 7, P_0 = 1$; $k_0 = 2m = 14$

$$u_0 = \frac{Q_0 + \sqrt{N}}{P_0} = Q_0 + \sqrt{N} = 7 + \sqrt{59} = 2m + \sigma = k_0 + \frac{1}{u_1}$$

j	0	1	2	3	4	5	6
Q	7	7	3	7	7	3	7
P	1	10	5	2	5	10	1
k	14	1	2	7	2	1	$7 + \sqrt{59}$

$$Q_1 = k_0 P_0 - Q_0 = 14 - 7 = 7, P_1 = \frac{N - Q_1^2}{P_0} = \frac{59 - 49}{1} = 10$$

$$0 \leqq m + Q_1 - k_1 P_1 = 7 + 7 - 10k_1 < P_1 \Longrightarrow k_1 = 1$$

$$u_1 = \frac{Q_1 + \sqrt{N}}{P_1} = \frac{7 + \sqrt{59}}{10} = k_1 + \frac{1}{u_2}$$

$$Q_2 = k_1 P_1 - Q_1 = 1 \times 10 - 7 = 3, P_2 = \frac{N - Q_2^2}{P_1} = \frac{59 - 9}{10} = 5$$

$$0 \leqq m + Q_2 - k_2 P_2 = 7 + 3 - 5k_2 < P_2 \Longrightarrow k_2 = 2$$

$$u_2 = \frac{Q_2 + \sqrt{N}}{P_2} = \frac{3 + \sqrt{59}}{5} = k_2 + \frac{1}{u_3}$$

$$Q_3 = k_2 P_2 - Q_2 = 2 \times 5 - 3 = 7, P_3 = \frac{N - Q_3^2}{P_2} = \frac{59 - 49}{5} = 2$$

$$0 \leqq m + Q_3 - k_3 P_3 = 7 + 7 - 2k_3 < P_3 \Longrightarrow k_3 = 7$$

$$u_3 = \frac{Q_3 + \sqrt{N}}{P_3} = \frac{7 + \sqrt{59}}{2} = k_3 + \frac{1}{u_4}$$

$$Q_4 = k_3 P_3 - Q_3 = 7 \times 2 - 7 = 7, P_4 = \frac{N - Q_4^2}{P_3} = \frac{59 - 49}{2} = 5$$

$$0 \leqq m + Q_4 - k_4 P_4 = 7 + 7 - 5k_4 < P_4 \Longrightarrow k_4 = 2$$

$$u_4 = \frac{Q_4 + \sqrt{N}}{P_4} = \frac{7 + \sqrt{59}}{5} = k_4 + \frac{1}{u_5}$$

$$Q_5 = k_4 P_4 - Q_4 - 2 \times 5 - 7 = 3, P_5 = \frac{N - Q_5^2}{P_4} = \frac{59 - 9}{5} = 10$$

$$0 \leqq m + Q_5 - k_5 P_5 = 7 + 3 - 10k_5 < P_5 \Longrightarrow k_5 = 1$$

$$u_5 = \frac{Q_5 + \sqrt{N}}{P_5} = \frac{3+\sqrt{59}}{10} = k_5 + \frac{1}{u_6}$$

$$Q_6 = k_5 P_5 - Q_5 = 1 \times 10 - 3 = 7\,, P_6 = \frac{N - {Q_6}^2}{P_5} = \frac{59-49}{10} = 1$$

$$u_6 = \frac{Q_6 + \sqrt{N}}{P_6} = \frac{7+\sqrt{59}}{1} = 7 + \sqrt{59} = u_0$$

………………………………………………………

$$u_0 \quad = (k_0\,; k_1, k_2, k_3, k_4, k_5; \quad u_0 \quad)$$

$$7 + \sqrt{59} = (14;\ 1\ ,\ 2\ ,\ 7\ ,\ 2\ ,\ 1\ ; 7 + \sqrt{59})$$

先の $3+\sqrt{14}$ の場合は;1,2,1;で**端麗な**と云うのが顕著では無かった。然(しか)し本例では ;1,2,7,2,1; となって居て真ん中の $k_3 = 7$ を中心にその両側に $k_4 = k_2 = 2$, $k_5 = k_1 = 1$ と明らかに**対称に**配列されて居るのが認められる。**自然数**の平方根を**正準連分数**に展開すれば必ず現われる**端麗な**姿なのである。斯(か)かる対称性の存在は**Galoisの定理**[10] なるものが保証して呉れて居る。

表を見れば**対称性**はkのみならずQにもPにも存在して居るのが知れる。

$Q_4 = Q_3$に加えて$k_4 = k_2$ 及び $k_5 = k_1$を知る時はその理由を説明する事が可能である。即ち $P_4 = P_2$, $Q_5 = Q_2$, $P_4 = P_1$, $Q_6 = Q_1$ 及び $P_6 = P_0$ なる関係の存在を示す事が出来るのである。

次の関係：$N - {Q_j}^2 = P_{j-1} P_j$, $Q_j = k_{j-1} P_{j-1} - Q_{j-1}$ が存在して居るので以下の結果が得られる事になる：

$$P_4 = \frac{N - {Q_4}^2}{P_3} = \frac{N - {Q_3}^2}{P_3}\ ,\ N - {Q_3}^2 = P_2 P_3\ ;\ P_4 = \frac{P_2 P_3}{P_3} = P_2$$

$$Q_5 = k_4 P_4 - Q_4 = k_2 P_2 - Q_3 = k_2 P_2 - (k_2 P_2 - Q_2) = Q_2$$

$$P_5 = \frac{N - {Q_5}^2}{P_4} = \frac{N - {Q_2}^2}{P_2} = \frac{P_1 P_2}{P_2} = P_1$$

$$Q_6 = k_5 P_5 - Q_5 = k_1 P_1 - Q_2 = k_1 P_1 - (k_1 P_1 - Q_1) = Q_1$$

$$P_6 = \frac{N - {Q_6}^2}{P_5} = \frac{N - {Q_1}^2}{P_1} = \frac{P_0 P_1}{P_1} = P_0$$

斯(か)くして総てを確認する事が出来た。関係式：$k_4 = k_2$ 及び $k_5 = k_1$ の存在に関しては一般論の形で既に充分に論じられて来て居る。

参考文献

10）藤原松三郎（昭和45年：1970),『代數學第一巻』内田老鶴圃新社、p.223

☆ $\sqrt{137}$ の正準連分数表示

$N=137$; $\sqrt{N}=m+\sigma$, $(0<\sigma<1)$, $m\equiv[\sqrt{N}]=11$

....

$Q_0=11, P_0=1;\ k_0=2m=22$

j	0	1	2	3	4	5	6	7	8	9
Q	11	11	5	9	7	4	7	9	5	11
P	1	16	7	8	11	11	8	7	16	1
k	22	1	2	2	1	1	2	2	1	$11+\sqrt{137}$

$$u_0 = (k_0;k_1,k_2,k_3,k_4,k_5,k_6,k_7,k_8;\ u_0)$$
$$11+\sqrt{137}=(22;1,2,2,1,1,2,2,1;11+\sqrt{137})$$

自然数の平方根を**正準連分数**で表示する時に限り**項の数**(かず)を**末項を除いた数**(かず)で捉える事にして表記：項の数(かず)で表わす事にする。

先の $7+\sqrt{59}$ の場合は等式 $Q_4=Q_3$ から出発して**対称性**の存在を確認した。項の数(かず)は k_1 から k_5 までで**奇数**であった。$11+\sqrt{137}$ の場合は項の数(かず)が k_1 から k_8 までで**偶数**である。今度は $P_5=P_4$ から始めて**対称性**の存在確認を行なう事になる。これに加えて $k_5=k_4$, $k_6=k_3$, $k_7=k_2$, $k_8=k_1$ が言えるならば等式 $Q_6=Q_4$, $P_6=P_3$, $Q_7=Q_3$, $P_7=P_2$, $Q_8=Q_2$, $P_8=P_1$, $Q_9=Q_1$, $P_9=P_0$ の成立を示す事が出来る。

$$Q_6=k_5P_5-Q_5=k_4P_4-(k_4P_4-Q_4)=Q_4$$

$$P_6=\frac{N-Q_6^2}{P_5}=\frac{N-Q_4^2}{P_4}=\frac{P_3P_4}{P_4}=P_3$$

$$Q_7=k_6P_6-Q_6=k_3P_3-Q_4=k_3P_3-(k_3P_3-Q_3)=Q_3$$

$$P_7=\frac{N-Q_7^2}{P_6}=\frac{N-Q_3^2}{P_3}=\frac{P_2P_3}{P_3}=P_2$$

$$Q_8=k_7P_7-Q_7=k_2P_2-Q_3=k_2P_2-(k_2P_2-Q_2)=Q_2$$

$$P_8=\frac{N-Q_8^2}{P_7}=\frac{N-Q_2^2}{P_2}=\frac{P_1P_2}{P_2}=P_1$$

$$Q_9=k_8P_8-Q_8=k_1P_1-Q_2=k_1P_1-(k_1P_1-Q_1)=Q_1$$

$$P_9=\frac{N-Q_9^2}{P_8}=\frac{N-Q_1^2}{P_1}=\frac{P_0P_1}{P_1}=P_0$$

単調な流れで以て示すべき事柄の総てを示す事が出来た。

基本的な性質とQ及びPに於ける対称美

☆ 場合の数の有限性

『自然数jを$j=1,2,\cdots,j$であると考える時$Q_j \equiv k_{j-1}P_{j-1}-Q_{j-1}$及び$P_j \equiv \dfrac{N-Q_j^2}{P_{j-1}}$を導入すれば、二次方程式$P_j^2u_j^2-2P_jQ_ju_j+Q_j^2-N=0$の正の根は$u_j=\dfrac{Q_j+\sqrt{N}}{P_j}$；$(1<u_j)$となる』と云うのを見て来た。

条件式：$0<\sqrt{N}-(k_{j-1}P_{j-1}-Q_{j-1})=\sqrt{N}-Q_j<P_{j-1}$に依って先ずは$Q_j<\sqrt{N}$なるのが知れる。定め方から$Q_j$は正の量で在るから$0<Q_j<\sqrt{N}$なるのが知れる。また$1<u_j$からは$P_j<Q_j+\sqrt{N}<2\sqrt{N}$なるのが知れる。これは$Q_j$と$P_j$の組み合わせの数が$\sqrt{N}\times 2\sqrt{N}=2N$を超えないと云う事を意味して居る。

この先の事を考えてu_0を$u_0\equiv\omega$と表記する。u_0から出発した計算は、途中で$\omega=(k_0;k_1,k_2,\cdots,k_{j-1};u_j)$となり、計算を続けて行くと既に現われた項が再び現われると云う事になる。$P_0=1$として始めた計算は項の数jが或る数nになった時に$P_n=1$となりQ_nも$Q_n=Q_0$となって次が成立する：

$$u_n=\frac{Q_n+\sqrt{N}}{P_n}=Q_n+\sqrt{N}=Q_0+\sqrt{N}=u_0=\omega$$

これはωに**周期性**の在る事を表わして居る。我々の扱いは証明の形を採っては居ないが**Lagrangeの定理**[11]として知られて居るものに対応して居る。

$$\omega=(k_0;k_1,k_2,\cdots,k_{n-1};\omega)$$

j	0	1	2		$j-1$	j	$j+1$		$n-1$	n
Q	m	Q_1	Q_2		Q_{j-1}	Q_j	Q_{j+1}		Q_{n-1}	Q_1
P	1	P_1	P_2		P_{j-1}	P_j	P_{j+1}		P_{n-1}	1
k	$2m$	k_1	k_2		k_{j-1}	k_j	k_{j+1}		k_{n-1}	ω

先の計算例で$\sqrt{14}$, $\sqrt{59}$, $\sqrt{137}$の何れの場合にも**表**$(j;Q,P;k)$に載って居る数は総てが**自然数**であった。これは偶然なのでは無い。Q_j及びP_jを使い$P_{j+1}=\dfrac{N-Q_{j+1}^2}{P_j}$を計算した時に$P_{j+1}$が**自然数**にならなかったなら何処かで**計算間違い**をして居るのである。この事を示す目的で$N-Q_{j+1}^2$がP_jで整除されるのを見て置く事にする。必要な関係式を列挙する：

$$N-Q_j^2=P_{j-1}P_j\ ,\ N-Q_{j+1}^2=P_jP_{j+1}\ ;\ Q_{j+1}=k_jP_j-Q_j$$

$$N=Q_{j+1}^2+P_jP_{j+1}=Q_j^2+P_{j-1}P_j=$$

$$=(k_jP_j-Q_j)^2+P_jP_{j+1}=$$

$$=k_j^2P_j^2-2k_jP_jQ_j+Q_j^2+P_jP_{j+1}$$

只今の計算でQ_j^2を含む項を等置する：

$$Q_j^2+P_{j-1}P_j=k_j^2P_j^2-2k_jP_jQ_j+Q_j^2+P_jP_{j+1}$$

両辺からQ_j^2を取り去った後にP_jP_{j+1}について解く：

$$P_jP_{j+1}=P_{j-1}P_j+2k_jP_jQ_j-k_j^2P_j^2=P_j(P_{j-1}+2k_jQ_j-k_j^2P_j)$$

量P_jP_{j+1}は$P_jP_{j+1}=N-Q_{j+1}^2$であるから次の等式が得られる：

$$N-Q_{j+1}^2=P_j(P_{j-1}+2k_jQ_j-k_j^2P_j)$$

これは量$N-Q_{j+1}^2$がP_jで整除される事を表わして居る。その結果P_{j+1}が$P_{j+1}=P_{j-1}+2k_jQ_j-k_j^2P_j$の様に与えられる事になり**自然数**となるのも明らかとなった。Q_jが**自然数**であると云うのは断るまでも無いであろう。

参考文献

11）藤原松三郎（昭和45年：1970）『代數學第一巻』内田老鶴圃新社、p.221

☆ 項の数(かず)が奇数の場合

計算を進めて居る途中で $j=\mu$(ミュー)の時に $k_\mu P_\mu=2Q_\mu$ が成立すると云う事も生じ得るであろう。これは $k_\mu P_\mu-Q_\mu=Q_\mu$ と書けるのであるが、本来 $k_\mu P_\mu-Q_\mu$ は $Q_{\mu+1}$ を与えて $k_\mu P_\mu-Q_\mu=Q_{\mu+1}$ であるから $Q_{\mu+1}=Q_\mu$ となる事を意味して居る。そこで $Q_{\mu+1}=Q_\mu$ の成立を前提として話を進める。

項の数(かず)が**奇数**の場合の例を $7+\sqrt{59}=(14;1,2,7,2,1;7+\sqrt{59})$ で見た。この時に Q や P に於ける**対称性**の存在するのを確かめたのであった。

項の数(かず) $n-1$ が**奇数**なのでこれを $2\mu-1$ と置く。勿論 λ(ラムダ)$=1,2,\cdots,\mu-1$ とする時 $k_{\mu+\lambda}=k_{\mu-\lambda}$ の成立は大前提とする。

j	0	1	2		$\mu-1$	μ	$\mu+1$		$2\mu-1$	2μ
Q	m	Q_1	Q_2		$Q_{\mu-1}$	Q_μ	$Q_{\mu+1}$		$Q_{2\mu-1}$	Q_1
P	1	P_1	P_2		$P_{\mu-1}$	P_μ	$P_{\mu+1}$		$P_{2\mu-1}$	1
k	$2m$	k_1	k_2		$k_{\mu-1}$	k_μ	$k_{\mu+1}$		k_1	ω

$Q_{\mu+1}=Q_\mu$ から出発して以下の計算を行なう：

$$P_{\mu+1}=\frac{N-Q_{\mu+1}^2}{P_\mu}=\frac{N-Q_\mu^2}{P_\mu}=\frac{P_{\mu-1}P_\mu}{P_\mu}=P_{\mu-1}\Rightarrow P_{\mu+1}=P_{\mu-1}$$

$$Q_{\mu+2}=k_{\mu+1}P_{\mu+1}-Q_{\mu+1}=k_{\mu-1}P_{\mu-1}-Q_\mu=$$
$$=k_{\mu-1}P_{\mu-1}-(k_{\mu-1}P_{\mu-1}-Q_{\mu-1})=Q_{\mu-1}\Rightarrow Q_{\mu+2}=Q_{\mu-1}$$

$$P_{\mu+2}=\frac{N-Q_{\mu+2}^2}{P_{\mu+1}}=\frac{N-Q_{\mu-1}^2}{P_{\mu-1}}=\frac{P_{\mu-2}P_{\mu-1}}{P_{\mu-1}}=P_{\mu-2}\Rightarrow P_{\mu+2}=P_{\mu-2}$$

$$Q_{\mu+3}=k_{\mu+2}P_{\mu+2}-Q_{\mu+2}=k_{\mu-2}P_{\mu-2}-Q_{\mu-1}=$$
$$=k_{\mu-2}P_{\mu-2}-(k_{\mu-2}P_{\mu-2}-Q_{\mu-2})=Q_{\mu-2}\Rightarrow Q_{\mu+3}=Q_{\mu-2}$$

これらの計算結果から次の関係を推測するのは難しい事では無い：

$$P_{\mu+(\lambda-1)}=P_{\mu-(\lambda-1)}\ ,\ Q_{\mu+\lambda}=Q_{\mu-(\lambda-1)}$$

$$P_{\mu+\lambda}=\frac{N-Q_{\mu+\lambda}^2}{P_{\mu+(\lambda-1)}}=\frac{N-Q_{\mu-(\lambda-1)}^2}{P_{\mu-(\lambda-1)}}=\frac{P_{\mu-\lambda}P_{\mu-(\lambda-1)}}{P_{\mu-(\lambda-1)}}=P_{\mu-\lambda}$$
$$\Rightarrow P_{\mu+\lambda}=P_{\mu-\lambda}\quad(\lambda-1\text{が}\lambda\text{に})$$

$$Q_{\mu+\lambda+1}=k_{\mu+\lambda}P_{\mu+\lambda}-Q_{\mu+\lambda}=k_{\mu-\lambda}P_{\mu-\lambda}-Q_{\mu-(\lambda-1)}=$$
$$=k_{\mu-\lambda}P_{\mu-\lambda}-(k_{\mu-(\lambda-1)-1}P_{\mu-(\lambda-1)-1}-Q_{\mu-(\lambda-1)-1})=$$
$$=k_{\mu-\lambda}P_{\mu-\lambda}-(k_{\mu-\lambda}P_{\mu-\lambda}-Q_{\mu-\lambda})=Q_{\mu-\lambda}$$
$$\Rightarrow Q_{\mu+\lambda+1}=Q_{\mu-\lambda}\quad(\lambda\text{が}\lambda+1\text{に})$$

☆ 項の数が偶数の場合

計算途中の$j=\nu$の時に等式$N-Q_{\nu+1}^2=P_\nu^2$の成立を見ると云う事もあり得るであろう。$P_{\nu+1}$は$P_{\nu+1}=\dfrac{N-Q_{\nu+1}^2}{P_\nu}$で与えられるので上の等式からは$P_{\nu+1}=P_\nu$が得られる事になる。

項の数が**偶数**となる場合の例としては$k_4=k_5$となる$11+\sqrt{137}$が在った。

$$11+\sqrt{137}=(22;1,2,2,1,1,2,2,1;11+\sqrt{137})$$

項の数$n-1$が**偶数**であるから$n-1=2\nu$と置く。

ここで$\lambda=0,1,2,\cdots,\nu-1$とする時$k_{\nu+\lambda+1}=k_{\nu-\lambda}$が成立して居るのは当然の事とする。これらの状況を表$(j;Q,P;k)$で示せば以下の様である。

j	0	1	2		$\nu-1$	ν	$\nu+1$	$\nu+2$		2ν	$2\nu+1$
Q	m	Q_1	Q_2		$Q_{\nu-1}$	Q_ν	$Q_{\nu+1}$	$Q_{\nu+2}$		$Q_{2\nu}$	Q_1
P	1	P_1	P_2		$P_{\nu-1}$	P_ν	$P_{\nu+1}$	$P_{\nu+2}$		$P_{2\nu}$	1
k	$2m$	k_1	k_2		$k_{\nu-1}$	k_ν	$k_{\nu+1}$	$k_{\nu+2}$		k_1	ω

今度は$P_{\nu+1}=P_\nu$から確認の計算を開始する。

先程の**奇数**の場合はkに於ける等式の成立を次の形に書いた：

$$\boxed{k_{\mu+\lambda}=k_{\mu-\lambda}\ ,\ (\lambda=1,2,\cdots,\mu-1)}$$

変って項の数が**偶数**の場合にはkに於ける等式を次の形に書いて置く：

$$k_{\nu+1}=k_\nu\ ,\ k_{\nu+2}=k_{\nu-1}\ ,\ \cdots\ ,\ k_{\nu+\lambda+1}=k_{\nu-\lambda},\cdots,k_{2\nu}=k_1$$

ここでは$N-Q_{\nu+1}^2=P_\nu P_{\nu+1}=P_\nu^2$と云う関係が存在して居る。

$$Q_{\nu+2}=k_{\nu+1}P_{\nu+1}-Q_{\nu+1}=k_\nu P_\nu-(k_\nu P_\nu-Q_\nu)=Q_\nu\Rightarrow Q_{\nu+2}=Q_\nu$$

$$P_{\nu+2}=\frac{N-Q_{\nu+2}^2}{P_{\nu+1}}=\frac{N-Q_\nu^2}{P_\nu}=\frac{P_{\nu-1}P_\nu}{P_\nu}=P_{\nu-1}\Rightarrow P_{\nu+2}=P_{\nu-1}$$

$$Q_{\nu+3}=k_{\nu+2}P_{\nu+2}-Q_{\nu+2}=k_{\nu-1}P_{\nu-1}-(k_{\nu-1}P_{\nu-1}-Q_{\nu-1})=Q_{\nu-1}$$

$$\Rightarrow Q_{\nu+3}=Q_{\nu-1}$$

$$P_{\nu+3}=\frac{N-Q_{\nu+3}^2}{P_{\nu+2}}=\frac{N-Q_{\nu-1}^2}{P_{\nu-1}}=\frac{P_{\nu-2}P_{\nu-1}}{P_{\nu-1}}=P_{\nu-2}\Rightarrow P_{\nu+3}=P_{\nu-2}$$

$$Q_{\nu+4}=k_{\nu+3}P_{\nu+3}-Q_{\nu+3}=k_{\nu-2}P_{\nu-2}-(k_{\nu-2}P_{\nu-2}-Q_{\nu-2})=Q_{\nu-2}$$

$$\Rightarrow Q_{\nu+4}=Q_{\nu-2}$$

$k_{\nu+\lambda+1}=k_{\nu-\lambda}$ が使えるとして居るのであるから $P_{\nu+\lambda+1}=P_{\nu-\lambda}$ 並びに $Q_{\nu+\lambda+1}=Q_{\nu-(\lambda-1)}$ の成立を予測した。そこで、それが正しいものであったと云う事の確認を試みる。

以下計算

$$Q_{\nu+\lambda+2}=k_{\nu+\lambda+1}P_{\nu+\lambda+1}-Q_{\nu+\lambda+1}=k_{\nu-\lambda}P_{\nu-\lambda}-Q_{\nu-(\lambda-1)}=$$
$$=k_{\nu-\lambda}P_{\nu-\lambda}-\left(k_{\nu-(\lambda-1)-1}P_{\nu-(\lambda-1)-1}-Q_{\nu-(\lambda-1)-1}\right)=$$
$$=k_{\nu-\lambda}P_{\nu-\lambda}-\left(k_{\nu-\lambda}P_{\nu-\lambda}-Q_{\nu-\lambda}\right)=Q_{\nu-\lambda}$$
$$\Rightarrow Q_{\nu+\lambda+2}=Q_{\nu-\lambda}$$ （$\lambda+1$ が $\lambda+2$ に）

$$P_{\nu+\lambda+2}=\frac{N-Q_{\nu+\lambda+2}^2}{P_{\nu+\lambda+1}}=\frac{N-Q_{\nu-\lambda}^2}{P_{\nu-\lambda}}=\frac{P_{\nu-(\lambda+1)}P_{\nu-\lambda}}{P_{\nu-\lambda}}=P_{\nu-(\lambda+1)}$$
$$\Rightarrow P_{\mu+\lambda+2}=P_{\nu-(\lambda+1)}$$ （$\lambda+1$ が $\lambda+2$ に）

以上で Q 及び P に於ける**対称性**の存在の確認は終了である。**偶数**の場合にこれが可能となったのは偏（ひとえ）に次の関係の存在に依っての事であった：

$$\boxed{k_{\nu+1}=k_{\nu},\ k_{\nu+2}=k_{\nu-1},\ \cdots,\ k_{\nu+\lambda+1}=k_{\nu-\lambda},\ \cdots,\ k_{2\nu}=k_1}$$

斯（か）くなる上はこの関係成立の確認に全力を投入すべしと云う事になる。

kに於ける端麗な対称性 [12) 13)]

我々はP及びQを自然数とした次の二次方程式から出発した：

$$P^2u^2-2PQu+Q^2-N=0$$

特別に**自然数**P_0及びQ_0で書いた次の方程式に着目した：

$$\boxed{{P_0}^2{u_0}^2-2P_0Q_0u_0+{Q_0}^2-N=0}$$

ここで$P_0=1$, $Q_0=m\equiv[\sqrt{N}]$として正の根をω負の根をω'と表記する。

$$\omega\equiv u_0=\frac{Q_0+\sqrt{N}}{P_0}=Q_0+\sqrt{N}\ ;\ \omega'\equiv u_0'=\frac{Q_0-\sqrt{N}}{P_0}=Q_0-\sqrt{N}$$

これらの量には次の関係が存在する：

$$\omega+\omega'=2Q_0=2m=k_0\ ;\ 1<\omega,\ -1<\omega'<0$$

$\sqrt{N}=m+\sigma=Q_0+\sigma$, $(0<\sigma<1)$なる関係から$-\sigma=Q_0-\sqrt{N}=\omega'$に着目すれば$-1<\omega'<0$が得られる事になる。

ωは$\omega=(k_0;k_1,k_2,\cdots,k_{n-1};\omega)$と表わされて居たので$\omega-k_0=-\omega'$は$0<-\omega'=(0;k_1,k_2,\cdots,k_{n-1};\omega)<1$を満たし、その逆数$\frac{1}{-\omega'}$を考えると$1<\frac{1}{-\omega'}=(k_1,k_2,\cdots,k_{n-1};\omega)$となる。右辺の$\omega$を$\omega'$で表わす事にする。

$\omega=k_0-\omega'=k_0+\cfrac{1}{\cfrac{1}{-\omega'}}=(k_0,\frac{1}{-\omega'})$であるから次の表式が得られる：

$$\boxed{\frac{1}{-\omega'}=\left(k_1,k_2,\cdots,k_{n-1};k_0,\frac{1}{-\omega'}\right)}$$

参考文献

12）藤原松三郎(昭和45年：1970)『代數學第一巻』内田老鶴圃新社、p.226

13）Olds , C.D.(1963)『Continued Fractions』Random House, p.95 , p.112

☆ 補助数列（A）

先の $\omega=(k_0;k_1,k_2,\cdots,k_{n-1};\omega)$ で末項の ω を特に ξ_n と表記する：

$$\boxed{\omega=(k_0;k_1,k_2,\cdots,k_{n-1};\xi_n)}$$

ここで**無理数**の ξ_n 以外は総てが**自然数**である。そこで j を1から $n-1$ 迄の自然数であるとして次の数列を考える：

$$q_{j+1}=k_jq_j+q_{j-1}\ ;\ q_0=1,q_1=k_0\Rightarrow q_2=k_1q_1+q_0=k_1k_0+1$$
$$p_{j+1}=k_jp_j+p_{j-1}\ ;\ p_0=0,p_1=1\Rightarrow p_2=k_1p_1+p_0=k_1$$
$$(j=1,2,\cdots,n-1)$$

これらを用いれば、**近似有理分数** $r(j)\equiv(k_0;k_1,k_2,\cdots,k_j)$ なるものが次式で与えられる様になって居る：$r(j)=\dfrac{q_{j+1}}{p_{j+1}}$　初めの $r(1)$ 及び $r(2)$ を見てみる：

$$r(1)=\frac{q_2}{p_2}=\frac{k_1k_0+1}{k_1}=k_0+\frac{1}{k_1}=(k_0;k_1)$$

$$r(2)=\frac{q_3}{p_3}=\frac{k_2(k_1k_0+1)+k_0}{k_2k_1+1}=\frac{(k_2k_1+1)k_0+k_2}{k_2k_1+1}=k_0+\frac{k_2}{k_2k_1+1}=$$
$$=k_0+\cfrac{1}{k_1+\cfrac{1}{k_2}}=(k_0;k_1,k_2)$$

これら $r(1)$ と $r(2)$ とは次に述べる様な方法で結び付ける事が出来るのである。$k_1^*\equiv k_1+\dfrac{1}{k_2}$ と置いて $r^*(1)\equiv(k_0;k_1^*)=\dfrac{k_1^*k_0+1}{k_1^*}$ なるものを考えるならば $r^*(1)=(k_0;k_1^*)=(k_0;k_1+\dfrac{1}{k_2})=(k_0;k_1,k_2)$ となる。これは $r(2)$ である。

$r^*(1)=\dfrac{k_1^*k_0+1}{k_1^*}$ の k_1^* に $k_1^*=k_1+\dfrac{1}{k_2}$ を代入して計算を行なう。

$$\frac{k_1^*k_0+1}{k_1^*}=\frac{\left(k_1+\dfrac{1}{k_2}\right)k_0+1}{k_1+\dfrac{1}{k_2}}=\frac{(k_2k_1+1)k_0+k_2}{k_2k_1+1}=k_0+\frac{k_2}{k_2k_1+1}=$$
$$=k_0+\cfrac{1}{k_1+\cfrac{1}{k_2}}=(k_0;k_1,k_2)$$

以上から $r^*(1)=r(2)$ なるのが確かめられた。

只今の結果を踏まえ λ を $\lambda=1,2,\cdots,n-2$ であるとして一般化を試みる。

$k_\lambda^*\equiv k_\lambda+\dfrac{1}{k_{\lambda+1}}$ なる k_λ^* を導入し $q_{\lambda+1}^*\equiv k_\lambda^*q_\lambda+q_{\lambda-1}$, $p_{\lambda+1}^*\equiv k_\lambda^*p_\lambda+p_{\lambda-1}$ を作る。

これらを用いて次の式で定義される $r^*(\lambda) \equiv \dfrac{q^*_{\lambda+1}}{p^*_{\lambda+1}}$ を計算してみる：

$$r^*(\lambda) = \frac{q^*_{\lambda+1}}{p^*_{\lambda+1}} = \frac{\left(k_\lambda + \dfrac{1}{k_{\lambda+1}}\right)q_\lambda + q_{\lambda-1}}{\left(k_\lambda + \dfrac{1}{k_{\lambda+1}}\right)p_\lambda + p_{\lambda-1}} = \frac{k_{\lambda+1}(k_\lambda q_\lambda + q_{\lambda-1}) + q_\lambda}{k_{\lambda+1}(k_\lambda p_\lambda + p_{\lambda-1}) + p_\lambda} =$$

$$= \frac{k_{\lambda+1} q_{\lambda+1} + q_\lambda}{k_{\lambda+1} p_{\lambda+1} + p_\lambda} = \frac{q_{\lambda+2}}{p_{\lambda+2}} = r(\lambda+1) = (k_0; k_1, k_2, \cdots, k_\lambda, k_{\lambda+1})$$

$r(\lambda) = \dfrac{q_{\lambda+1}}{p_{\lambda+1}} = (k_0; k_1, k_2, \cdots, k_\lambda)$ に於ける末項の k_λ を $k^*_\lambda = k_\lambda + \dfrac{1}{k_{\lambda+1}}$ として $(k_0; k_1, k_2, \cdots, k_\lambda + \dfrac{1}{k_{\lambda+1}})$ とすれば、$(k_0; k_1, k_2, \cdots, k_\lambda, k_{\lambda+1})$ となって $r(\lambda+1)$ となると云うのが知れた。

得られた結果を整理して置く。

$$\boxed{r(j) = \frac{q_{j+1}}{p_{j+1}} = (k_0; k_1, k_2, \cdots, k_j)\ ,\ (j = 1, 2, \cdots, n-1)}$$

無理数 ξ_n を含む ω の**正準連分数**も当該数列の延長上で把捉する事が出来る。この流れで把捉する事が出来る様に考えて末項の ω を ξ_n と表記して置いた。特に $j = n$ に対するものとして $q_{n+1} \equiv \xi_n q_n + q_{n-1}$, $p_{n+1} \equiv \xi_n p_n + p_{n-1}$ を定義して次を考える：$\omega = \dfrac{q_{n+1}}{p_{n+1}} = \dfrac{\xi_n q_n + q_{n-1}}{\xi_n p_n + p_{n-1}} = \dfrac{q_n \omega + q_{n-1}}{p_n \omega + p_{n-1}}$

分母を払って整理すれば ω に関する二次式が得られる。

$$\boxed{p_n \omega^2 - (q_n - p_{n-1})\omega - q_{n-1} = 0}$$

量 $q_n, p_n; q_{n-1}, p_{n-1}$ を既知とする時は上式を ω に関する二次方程式と見做す事も出来る。これを我々の方程式 $P_0^2 u_0^2 - 2P_0 Q_0 u_0 + Q_0^2 - N = 0$ と比較してみる。両者を媒介する為に未定の定数Kを導入して次の様に置く：

$$2p_n \equiv KP_0^2, q_n - p_{n-1} \equiv KP_0 Q_0, 2q_{n-1} \equiv -K(Q_0^2 - N)$$

$$\omega = \frac{(q_n - p_{n-1}) + \sqrt{(q_n - p_{n-1})^2 + 2p_n \times 2q_{n-1}}}{2p_n} =$$

$$= \frac{KP_0 Q_0 + \sqrt{(KP_0 Q_0)^2 - KP_0^2 \times K(Q_0^2 - N)}}{KP_0^2} = \frac{Q_0 + \sqrt{N}}{P_0}$$

明らかに ω' も $p_n \omega^2 - (q_n - p_{n-1})\omega - q_{n-1} = 0$ を満たす根となって居る。

要は**我々の方法**の別表現の一つと云う事なのである。

先に求めた$3+\sqrt{14}$を例に只今の結果を適用してみる。

$$3+\sqrt{14}=(6;1,2,1;3+\sqrt{14})$$

$$k_0=6;\ k_1=1,\ k_2=2,\ k_3=1;\ \xi_4=\omega$$

$$(q_0,p_0)=(1,0),(q_1,p_1)=(6,1),(q_2,p_2)=(7,1),$$

$$(q_3,p_3)=(20,3),\ (q_4,p_4)=(27,4),\ (q_5,p_5)=(27\omega+20,4\omega+3)$$

斯(か)くして$\omega=\dfrac{q_5}{p_5}=\dfrac{27\omega+20}{4\omega+3}$なる表式に到達する事が出来た。

$$4\omega^2-(27-3)\omega-20=0\ \Rightarrow\ 4(\omega^2-6\omega-5)=0$$

我々の流れでは$P_0=1,\ Q_0=3;\ N=14$であった。これから、次の方程式が得られる：$u_0{}^2-2\times3u_0+9-14=0\ \Rightarrow\ \omega^2-6\omega-5=0$

☆**補助数列（A'）**

これ迄ωを$\omega=(k_0;k_1,k_2,\cdots,k_{n-1};\omega)$と表記して来たが以下の議論の都合を考えて$\omega=(k_0,k_1,k_2,\cdots,k_{n-1},\omega)$の様に表記する。

前後の脈絡も無く次の形の**無理数**ρを導入する：

$$\rho\equiv(k_{n-1},k_{n-2},\cdots,k_2,k_1;k_0,\rho)$$

これは上のωに於ける項の順序を逆に並べた**正準連分数**表示となって居る。

先にωを補助数列(A)で把捉したが、只今のρに対しては補助数列(A')なるものを導入しこれを捉える事にする。

$$q'_{j+1}=k_{n-(j+1)}q'_j+q'_{j-1}\ ;\ q'_0=1,q'_1=k_{n-1}\ \Rightarrow\ q'_2=k_{n-2}k_{n-1}+1$$
$$p'_{j+1}=k_{n-(j+1)}p'_j+p'_{j-1}\ ;\ p'_0=0,p'_1=1\ \Rightarrow\ p'_2=k_{n-2}$$
$$(j=1,2,\cdots,n-1)$$

特に$j=n-1$の場合は$q'_n=k_0q'_{n-1}+q'_{n-2}\ ;\ p'_n=k_0p'_{n-1}+p'_{n-2}$となる。続く$j=n$の時に$q'_{n+1}\equiv\rho q'_n+q'_{n-1}\ ;\ p'_{n+1}\equiv\rho p'_n+p'_{n-1}$となると云うのは先の$(q,p)$の時に充分に見て来た。従って次式の成立も容易に理解され得るであろう：

$$\rho=\frac{q'_{n+1}}{p'_{n+1}}=\frac{\rho q'_n+q'_{n-1}}{\rho p'_n+p'_{n-1}}$$

分母を払って整理をすればρに関する二次式が得られる。

$$p'_n\rho^2-(q'_n-p'_{n-1})\rho-q'_{n-1}=0$$

実は先の(q,p)と只今の(q',p')の間には次の**関係**が存して居るのである：

$$\boxed{p'_n=q_{n-1},\ q'_n=q_n,\ p'_{n-1}=p_{n-1},\ q'_{n-1}=p_n}$$

極めて重要な当該**関係**の存在を確認しない儘に通り過ぎる様な事は断じてする訳が無い。然（しか）し只今は**kに於ける対称性**を導くのが目的であるから先を急ぐ。

そこで重要かつ有用な上述の**関係**を用いて上の二次式を書き換える。

$$q_{n-1}\rho^2-(q_n-p_{n-1})\rho-p_n=0$$

導入したρが$1<\rho$であり、従って$-1<-\dfrac{1}{\rho}<0$である事に着目して上の式を次の形に書き換える：

$$p_n\left(-\frac{1}{\rho}\right)^2-(q_n-p_{n-1})\left(-\frac{1}{\rho}\right)-q_{n-1}=0$$

前に見たωが満たすとした方程式$p_n\omega^2-(q_n-p_{n-1})\omega-q_{n-1}=0$を$\omega'$も当然ながら満たす。この$\omega'$は$-1<\omega'<0$であったから次の等式の成立するのに

気付かされる。 $-\dfrac{1}{\rho}=\omega' \Rightarrow \rho=\dfrac{1}{-\omega'}=\left(k_1,k_2,\cdots,k_{n-1};k_0,\dfrac{1}{-\omega'}\right)$

ρ の方も具体的に書いてみれば次の様になる：

$$\rho=(k_{n-1},k_{n-2},\cdots,k_2,k_1;k_0,\rho)=\frac{1}{-\omega'}=(k_1,k_2,\cdots,k_{n-2},k_{n-1};k_0,\rho)$$

直ちに知れるのは以下の等式群である：

$$\boxed{k_{n-1}=k_1,k_{n-2}=k_2,\cdots,k_2=k_{n-2},k_1=k_{n-1};k_0=k_0;\rho=\rho}$$

これぞ我々が求めて居た**kに於ける対称性**の存在を明示するものなのである。更に判り易くする為に補足の解説を試みる事にしよう。

表記：$\omega=(k_0;k_1,k_2,\cdots,k_{n-1};\ \omega)$ に於ける $(k_1,k_2,\cdots,k_{n-1})$ の部分で k_1 から k_{n-1} 迄の項の数（かず）が**奇数**の場合を上に得られた結果で捉える事にする。

$n-1$ が奇数であるから $n-1=2\mu-1$ と置いたのであった。詰まり $n=2\mu$ である。そこで配列の真ん中の項 k_μ を中心に左右に対称に項が配列される事になって居る訳である。

j	0	1	2		$\mu-1$	μ	$\mu+1$	$\mu+2$			$n-1$	n
Q	m	Q_1	Q_2		$Q_{\mu-1}$	Q_μ	Q_μ	$Q_{\mu-1}$		Q_3	Q_2	Q_1
P	1	P_1	P_2		$P_{\mu-1}$	P_μ	$P_{\mu-1}$			P_2	P_1	1
k	$2m$	k_1	k_2		$k_{\mu-1}$	k_μ	$k_{\mu-1}$			k_2	k_1	ω

次に k_1 から k_{n-1} 迄の項の数（かず）が**偶数**の場合について考える。今度は $n-1$ が偶数であるから $n-1=2\nu$ と置いたのであった。 $n=2\nu+1$ である。その事よりも大事なのは $P_{\nu+1}=P_\nu$ 及び $k_{\nu+1}=k_\nu$ であると云う事である。

j	0	1	2		$\nu-1$	ν	$\nu+1$	$\nu+2$			$n-1$	n
Q	m	Q_1	Q_2		$Q_{\nu-1}$	Q_ν	$Q_{\nu+1}$	Q_ν		Q_3	Q_2	Q_1
P	1	P_1	P_2		$P_{\nu-1}$	P_ν	P_ν	$P_{\nu-1}$		P_2	P_1	1
k	$2m$	k_1	k_2		$k_{\nu-1}$	k_ν	k_ν	$k_{\nu-1}$		k_2	k_1	ω

これを以て『何の故に**自然数**の平方根を**正準連分数**に展開すると**端麗な**姿に表わされるのか』についての解説を終了することとしよう。

☆ 補助数列 (A') と補助数列 (A) の間の関係

数列 (q',p') は次の様に与えられて居た：

$$q'_{j+1}=k_{n-(j+1)}q'_j+q'_{j-1}\ ;\ q'_0=1,\ q'_1=k_{n-1}\quad\Rightarrow\quad q'_2=k_{n-2}k_{n-1}+1$$
$$p'_{j+1}=k_{n-(j+1)}p'_j+p'_{j-1}\ ;\ p'_0=0,\ p'_1=1\quad\Rightarrow\quad p'_2=k_1$$
$$(j=1,2,\cdots,n-1)$$

数列 (q,p) は添え字の j を λ に変えて書く：

$$q_{\lambda+1}=k_\lambda q_\lambda+q_{\lambda-1}\ ;\ q_0=1,q_1=k_0\quad\Rightarrow\quad q_2=k_1k_0+1$$
$$p_{\lambda+1}=k_\lambda p_\lambda+p_{\lambda-1}\ ;\ p_0=0,p_1=1\quad\Rightarrow\quad p_2=k_1$$
$$(\lambda=1,2,\cdots,n-1)$$

所望の関係を導いて行く為に数列 (q',p') の $p'_{j+1}=k_{n-(j+1)}p'_j+p'_{j-1}$ で $j+1=n$ に対する等式 $p'_n=k_0p'_{n-1}+p'_{n-2}$ を書く。ここで、$k_0=q_1, 1=q_0$ に注目して上の等式を $p'_n=q_1p'_{n-1}+q_0p'_{n-2}$ と読み解いた上で次を仮定する：

$$\boxed{p'_n=q_\lambda p'_{n-\lambda}+q_{\lambda-1}p'_{n-(\lambda+1)}}$$

仮定式の $p'_{n-\lambda}$ の表式を導く為に今度は $j+1$ を $n-\lambda$ と置く。そうすれば $p'_{n-\lambda}=k_\lambda p'_{n-(\lambda+1)}+p'_{n-(\lambda+2)}$ が得られる。これを仮定式に代入する。

$$p'_n=q_\lambda\{k_\lambda p'_{n-(\lambda+1)}+p'_{n-(\lambda+2)}\}+q_{\lambda-1}p'_{n-(\lambda+1)}=$$
$$=(k_\lambda q_\lambda+q_{\lambda-1})p'_{n-(\lambda+1)}+q_\lambda p'_{n-(\lambda+2)}=$$
$$=q_{\lambda+1}p'_{n-(\lambda+1)}+q_\lambda p'_{n-(\lambda+2)}$$

これは λ が $\lambda=\lambda$ の時に成立すると仮定した関係が $\lambda+1$ の場合にも成立する事を表わして居る。そこで λ を $\lambda=n-1$ とする事も可能なのでこれを実行：

$$p'_n=q_{n-1}p'_1+q_{n-2}p'_0=q_{n-1}+0=q_{n-1}\quad\Rightarrow\quad p'_n=q_{n-1}$$

先に用いた第一番目の関係式の成立するのが確かめられた。

続いては数列 (q',p') の $q'_{j+1}=k_{n-(j+1)}q'_j+q'_{j-1}$ に $j+1=n$ を代入して、次を導く：$q'_n=k_0q'_{n-1}+q'_{n-2}$　数列 (q,p) の $q_0=1,\ q_1=k_0$ に着目し上の表式を次の様に捉える：$q'_n=q_1q'_{n-1}+q_0q'_{n-2}$　これを基に次を仮定する：

$$\boxed{q'_n=q_\lambda q'_{n-\lambda}+q_{\lambda-1}q'_{n-(\lambda+1)}}$$

右辺の $q'_{n-\lambda}$ は $q'_{j+1}=k_{n-(j+1)}q'_j+q'_{j-1}$ の関係式で $j+1=n-\lambda$ とすれば $q'_{n-\lambda}=k_\lambda q'_{n-(\lambda+1)}+q'_{n-(\lambda+2)}$ となるので、これを上の式に代入する。

$$q'_n = q_\lambda\{k_\lambda q'_{n-(\lambda+1)} + q'_{n-(\lambda+2)}\} + q_{\lambda-1}q'_{n-(\lambda+1)} =$$
$$= (k_\lambda q_\lambda + q_{\lambda-1})q'_{n-(\lambda+1)} + q_\lambda q'_{n-(\lambda+2)} =$$
$$= q_{\lambda+1}q'_{n-(\lambda+1)} + q_\lambda q'_{n-(\lambda+2)}$$

仮定式が $\lambda=\lambda$ で成立して居たものが $\lambda+1$ でも成立するのが知れた。そこで $\lambda=n-1$ を仮定式に適用すれば次が得られる：

$$q'_n = q_{n-1}q'_1 + q_{n-2}q'_0 = k_{n-1}q_{n-1} + q_{n-2} = q_n \;\Rightarrow\; q'_n = q_n$$

先に用いた第二番目の関係式の成立がこれで明らかになった。

第三番目の関係式の成立を確かめる目的では $p'_{n-1} = k_1 p'_{n-2} + p'_{n-3}$ 及び $k_1 = p_2, 1 = p_1$ であるから、只今の等式を $p'_{n-1} = p_2 p'_{n-2} + p_1 p'_{n-3}$ であるとしこれを一般化して次の形のものを仮定する：

$$\boxed{p'_{n-1} = p_\lambda p'_{n-\lambda} + p_{\lambda-1}p'_{n-(\lambda+1)}}$$

既に用いた $p'_{n-\lambda} = k_\lambda p'_{n-(\lambda+1)} + p'_{n-(\lambda+2)}$ を代入して計算する。

$$p'_{n-1} = p_\lambda\{k_\lambda p'_{n-(\lambda+1)} + p'_{n-(\lambda+2)}\} + p_{\lambda-1}p'_{n-(\lambda+1)} =$$
$$= (k_\lambda p_\lambda + p_{\lambda-1})p'_{n-(\lambda+1)} + p_\lambda p'_{n-(\lambda+2)} =$$
$$= p_{\lambda+1}p'_{n-(\lambda+1)} + p_\lambda p'_{n-(\lambda+2)}$$

これは仮定式が正しかった事を示して居る。故に $\lambda=n-1$ を仮定式に代入して次を導く事が出来る： $p'_{n-1} = p_{n-1}p'_1 + p_{n-2}p'_0 = p_{n-1} \;\Rightarrow\; p'_{n-1} = p_{n-1}$

これで第三番目の関係式も正しいものであったと云うのを示す事が出来た。

最後に $q'_{n-1} = k_1 q'_{n-2} + q'_{n-3} \equiv p_2 q'_{n-2} + p_1 q'_{n-3}$ と捉えて次を仮定：

$$\boxed{q'_{n-1} = p_\lambda q'_{n-\lambda} + p_{\lambda-1}q'_{n-(\lambda+1)}}$$

$$q'_{n-1} = p_\lambda\{k_\lambda q'_{n-(\lambda+1)} + q'_{n-(\lambda+2)}\} + p_{\lambda-1}q'_{n-(\lambda+1)} =$$
$$= (k_\lambda p_\lambda + p_{\lambda-1})q'_{n-(\lambda+1)} + p_\lambda q'_{n-(\lambda+2)} =$$
$$= p_{\lambda+1}q'_{n-(\lambda+1)} + p_\lambda q'_{n-(\lambda+2)}$$

これは仮定式が正しかった事を示して居る。$\lambda=n-1$ を代入し次を導くのは容易な事である： $q'_{n-1} = p_{n-1}q'_1 + p_{n-2}q'_0 = p_n \;\Rightarrow\; q'_{n-1} = p_n$

これで第四番目の関係式も正しいものであったと云うのを示す事が出来た。

自然数の平方根を正準連分数に展開すると云う話題の解説は総てを尽した。折々に計算をして**頭の働きの順調**なのを確かめるのも一興であろう。

平方数

$11^2 = 121$

$12^2 = 144$

$13^2 = 169$

$14^2 = 196$

$15^2 = 225$

$16^2 = 256$

$17^2 = 289$

$18^2 = 324$

$19^2 = 361$

$20^2 = 400$

$21^2 = 441$

$22^2 = 484$

$23^2 = 529$

$24^2 = 576$

$25^2 = 625$

$26^2 = 676$

$27^2 = 729$

$28^2 = 784$

$29^2 = 841$

$30^2 = 900$

$31^2 = 961$

$32^2 = 1024$

$33^2 = 1089$

$34^2 = 1156$

$35^2 = 1225$

$36^2 = 1296$

$37^2 = 1369$

$38^2 = 1444$

$39^2 = 1521$

$40^2 = 1600$

$41^2 = 1681$

$42^2 = 1764$

$43^2 = 1849$

$44^2 = 1936$

$45^2 = 2025$

$46^2 = 2116$

$47^2 = 2209$

$48^2 = 2304$

$49^2 = 2401$

$50^2 = 2500$

j	0	1	2	3	4	5	6	7	8	9	10	11	12	13	14	15	16
Q																	
P																	
k																	

j																	
Q																	
P																	
k																	

j																	
Q																	
P																	
k																	

あとがき

二十年前のこと『Cantorの対角線論法は数学では無い』と云うものを或る雑誌に投稿したのであるが、即座に却下された。この問題についてはその前にも友人知人と議論を重ねて来て居たが極めて少数の友人を除いては反対の見解を述べる者が殆どであった。それは現在に於ても変る事は無い。

その後『これは伝え方が問題』と云う事に気付きいろいろと工夫を凝らして来た。最近になって『これなら伝わる』と考えられるものを『正準連分数の導入』に依って捉える事が出来たので発表するに至った次第。それまでは正則連分数に依拠して論を展開して来て居たのであるが今にして思えば限界があった。

連分数に出会ったのは五十年以上もの昔に遡る。無限級数の形に表わされた惑星運動の理論に興味を抱いて勉強に励んだ。級数の収束を論ずる際に重要になって来たのが連分数なのであった。

無理数 $log_e 2$ を極限値とする、有理数列の例二つを挙げた。その内の一つは問題を微分方程式の形に導いて連分数の偉力を発揮させる方法に依ったものと言う事が出来る。

自然数の平方根を正準連分数に展開すると美しい姿が現われるのであった。

繰り返す事になるが、計算要領の復習をして置く。Q_2 を知ったところからスタートする。これが大きな数の場合は平方数の表から ${Q_2}^2$ を見付けた後に $N-{Q_2}^2$ を P_1 で割って P_2 を求める。割り切れなかったなら計算間違いが在った事を意味して居るので振り返ってみる。P_2 が知れたら k_2 を求める為の不等式 $k_2 \leqq \dfrac{m+Q_2}{P_2} < k_2+1$ を解く。k_2 は当然の事ながら自然数である。直ちに $Q_3=k_2P_2-Q_2$ に依って Q_3 を算出する。これで上の Q_2 のところを Q_3 として続ければ良い事になる。

自然数の平方根を正準連分数に展開する事の楽しみは、計算を進めて行くと $Q_\mu=Q_{\mu+1}$ か $P_\nu=P_{\nu+1}$ かの何れかに必ず出逢えると云う処（ところ）に在る。その後は既に求めて来た数が逆順に算出されて行く。計算途中に自分で正解を得て居るのを知る事が出来るのである。素晴しいではないか！

折々に好きな数を選びその平方根を正準連分数に表わす事を試みてみよう。調子が良ければスイスイと計算も進むことであろう。

出版に際して編集部の吉澤茂さんに懇切なお導きを頂いた。記して心からの謝意を表（ひょう）したい。

索 引

著者プロフィール

井上 猛（いのうえ たけし）

1939年10月　神戸生まれ
1962年 東北大学理学部卒業
1967年 東北大学理学博士
1967年 京都産業大学講師
1967年～1969年 フランス政府給費留学生
1973年 京都産業大学教授
2005年 京都産業大学名誉教授

著書 『数学教育三つの大罪』（2016年）文芸社刊

カントールのアキレス腱 無理数は可付番の無限集合

2018年8月15日　初版第1刷発行

著　者　井上 猛
発行者　瓜谷 綱延
発行所　株式会社文芸社
〒160-0022 東京都新宿区新宿1－10－1
電話 03-5369-3060（代表）
03-5369-2299（販売）

印刷所　株式会社フクイン

ISBN978-4-286-19578-0